세상에서 가장 쉬운 과학 수업

브라운 운동

세상에서 가장 쉬운 과학 수업

브라운 운동

ⓒ 정완상, 2024

초판 1쇄 인쇄 2024년 2월 1일
초판 1쇄 발행 2024년 2월 19일

지은이 정완상
펴낸이 이성림
펴낸곳 성림북스

책임편집 최윤정
디자인 쏘울기획

출판등록 2014년 9월 3일 제25100-2014-000054호
주소 서울시 은평구 연서로3길 12-8, 502
대표전화 02-356-5762
팩스 02-356-5769
이메일 sunglimonebooks@naver.com

ISBN 979-11-93357-22-4 03400

노벨상 수상자들의 **오리지널 논문**으로 배우는 과학

세상에서 가장 쉬운 과학 수업

브라운 운동

정완상 지음

확률의 역사부터 아보가드로수 결정까지
식물학자의 발견을 물리학으로 완성한 위대한 연구

성림원북스

CONTENTS

네 번째 만남

브라운 운동 논문 속으로 / 181

다섯 번째 만남

브라운 운동을 연구한 과학자들 / 203

과학을 처음 공부할 때 이런 책이 있었다면 얼마나 좋았을까

남순건(경희대학교 이과대학 물리학과 교수 및 전 부총장)

21세기를 20여 년 지낸 이 시점에서 세상은 또 엄청난 변화를 맞이하리라는 생각이 듭니다. 100년 전 찾아왔던 양자역학은 반도체, 레이저 등을 위시하여 나노의 세계를 인간이 이해하도록 하였고, 120년 전 아인슈타인에 의해 밝혀진 시간과 공간의 원리인 상대성이론은 이 광대한 우주가 어떤 모습으로 만들어져 왔고 앞으로 어떻게 진화할 것인가를 알게 해주었습니다. 게다가 우리가 사용하는 모든 에너지의 근원인 태양에너지를 핵융합을 통해 지구상에서 구현하려는 노력도 상대론에서 나오는 그 유명한 질량-에너지 공식이 있기에 조만간 성과가 있을 것이라 기대하게 되었습니다.

앞으로 올 22세기에는 어떤 세상이 될지 매우 궁금합니다. 특히 인공지능의 한계가 과연 무엇일지, 또한 생로병사와 관련된 생명의 신비가 밝혀져 인간 사회를 어떻게 바꿀지, 우주에서는 어떤 신비로움이 기다리고 있는지, 우리는 불확실성이 가득한 미래를 향해 달려가고 있습니다. 이러한 불확실한 미래를 들여다보는 유리구슬의 역할을 하는 것이 바로 과학적 원리들입니다.

지난 백여 년 간의 과학에서의 엄청난 발전들은 세상의 원리를 꿰뚫어 보았던 과학자들의 통찰을 통해 우리에게 알려졌습니다. 이런 과학 발전의 영웅들의 생생한 숨결을 직접 느끼려면 그들이 썼던 논문들을 경험해 보는 것이 좋습니다. 그런데 어느 순간 일반인과 과학을 배우는 학생들은 물론 그 분야에서 연구를 하는 과학자들마저 이런 숨결을 직접 경험하지 못하고 이를 소화해서 정리해 놓은 교과서나 서적들을 통해서만 접하고 있습니다. 창의적인 생각의 흐름을 직접 접하는 것은 그런 생각을 했던 과학자들의 어깨 위에서 더 멀리 바라보고 새로운 발견을 하고자 하는 사람들에게 매우 중요합니다.

저자인 정완상 교수가 새로운 시도로서 이러한 숨결을 우리에게 전해주려 한다고 하여 그의 30년 지기인 저는 매우 기뻤습니다. 그는 대학원생 때부터 당시 혁명기를 지나면서 폭발적인 발전을 하고 있던 끈 이론을 위시한 이론 물리 분야에서 가장 많은 논문을 썼던 사람입니다. 그리고 그러한 에너지가 일반인들과 과학도들을 위한 그의 수많은 서적들을 통해 이미 잘 알려져 있습니다. 저자는 이번에 아주 새로운 시도를 하고 있고 이는 어쩌면 우리에게 꼭 필요했던 것일 수 있습니다. 대화체로 과학의 역사와 배경을 매우 재미있게 설명하고, 그 배경 뒤에 나왔던 과학의 영웅들의 오리지널 논문들을 풀어간 것입니다. 과학사를 들려주는 책들은 많이 있으나 이처럼 일반인과 과학도의 입장에서 질문하고 이해하는 생각의 흐름을 따라 설명한 책은 없습니다. 게다가 이런 준비를 마친 후에 아인슈타인 등의 영웅들의 논문을 원래의 방식과 표기를 통해 설명하는 부분은 오랫동안 과학을 연구해온 과학자에게도 도움을 줍니다.

이 책을 읽는 독자들은 복 받은 분들일 것이 분명합니다. 제가 과학을 처음 공부할 때 이런 책이 있었다면 얼마나 좋았을까 하는 생각이 듭니다. 정완상 교수는 이제 새로운 형태의 시리즈를 시작하고 있습니다. 독보적인 필력과 독자에게 다가가는 그의 친밀성이 이 시리즈를 통해 재미있고 유익한 과학으로 전해지길 바랍니다. 그리하여 과학을 멀리하는 21세기의 한국인들에게 과학에 대한 붐이 일기를 기대합니다. 22세기를 준비해야 하는 우리에게는 이런 붐이 꼭 있어야 하기 때문입니다.

세상에서 가장 쉬운 과학 수업 브라운 운동

물리에 호기심이 있는 학생들에게 선물 같은 책

민보경 (동국대부속여고 교장)

학교에서 물리 시간에 아인슈타인의 상대성이론을 강의한 기억을 떠올려 봅니다. 실험을 할 수 없어서 '영화로 이해하는 상대성이론'이라는 주제로 영화 〈아인슈타인과 에딩턴〉을 편집해서 보여주고 토론한 적이 있습니다. 그때 한 학생이 아인슈타인의 논문을 직접 읽어 보고 싶다고 해서 다음과 같이 논문을 정리해서 개요를 설명하고, 영어로 쓰인 논문을 검색해서 출력해 주었습니다. 《세상에서 가장 쉬운 과학 수업 브라운 운동》은 그런 호기심이 있는 학생들에게 선물 같은 책이라는 생각이 듭니다.

- 1905년 2월 첫 번째 논문: "분자 차원의 새로운 결정"

  – 물리학 박사 논문

- 1905년 5월 두 번째 논문: "정지해 있는 액체 속에 떠 있는 작은 입자의 운동"

  – 브라운 운동을 설명한 이론

- 1905년 5월 세 번째 논문: "빛의 발생과 변화의 발견에 도움이 되는 견해"

  – 광전 효과를 설명한 이론(1921년 노벨 물리학상)

- 1905년 5월 네 번째 논문: "운동하는 물체의 전기역학에 대하여"

  – 특수상대론을 설명한 이론

- 1905년 8월 다섯 번째 논문: "물체의 관성은 에너지 함량에 의존하는가"

  – 3쪽 분량의 짧은 논문으로 $E = mc^2$이라는 내용

ON THE ELECTRODYNAMICS OF MOVING BODIES

By A. EINSTEIN

June 30, 1905

It is known that Maxwell's electrodynamics—as usually understood at the present time—when applied to moving bodies, leads to asymmetries which do not appear to be inherent in the phenomena. Take, for example, the reciprocal electrodynamic action of a magnet and a conductor. The observable phenomenon here depends only on the relative motion of the conductor and the magnet, whereas the customary view draws a sharp distinction between the two cases in which either the one or the other of these bodies is in motion. For if the magnet is in motion and the conductor at rest, there arises in the neighbourhood of the magnet an electric field with a certain definite energy, producing a current at the places where parts of the conductor are situated. But if the magnet is stationary and the conductor in motion, no electric field arises in the neighbourhood of the magnet. In the conductor, however, we find an electromotive force, to which in itself there is no corresponding energy, but which gives

고등학교 교육과정에 아인슈타인의 광전 효과와 상대성이론이 있기 때문에 많은 학생들이 용어와 개념을 어느 정도 알고 있습니다. 하지만 브라운 운동은 처음 들어 보는 학생도 있을 거라고 생각합니다. 부끄러운 얘기지만 고등학교에서 물리를 가르쳤던 저도 대학에서 용어와 개념 정도만 공부하고, 기타 과학 서적에서 브라운 운동이 적용되는 예에 대해서만 접했을 뿐입니다. 아인슈타인의 논문 내용과 수학적인 해석을 조금이나마 이해해 본 것은 이 책이 처음이었습니다.

　　　　　　세상에서 가장 쉬운 과학 수업 브라운 운동

기존의 시각에서 벗어나 새로운 시각으로 세상을 바라보는 아인슈타인을 존경해 오던 제가 또 한 번 아인슈타인의 브라운 운동이라는 아름다운 이론으로 사랑에 빠진 것 같습니다. 확률 이론과 유체역학에 대한 여러 내용과 과정을 따라 읽다 보면 브라운 운동을 이해하게 되고, 이해하는 만큼 사랑하게 된다는 진리를 경험한 귀한 시간이었습니다.

뉴턴과 라이프니츠가 비슷한 시기에 각각 서로 다른 방식으로 미적분을 만들어낸 것처럼 아인슈타인은 분자의 위치와 운동량으로 표현되는 위상 공간에 통계 개념을 도입하고, 기브스는 엔트로피의 정의를 이용해서 같은 해에 통계물리학을 발표한 것도 흥미를 돋우었습니다. 또한 브라운 운동을 아인슈타인은 확산으로, 스몰루호프스키는 랜덤워크(술 취한 사람의 맘대로 걷기)로, 랑주뱅은 뉴턴의 운동방정식으로 해석하여 똑같은 결과가 나온 내용도 놀라웠습니다. 자연 현상을 이해하는 데에는 한 가지 방식, 한 가지 정답만 있는 것은 아니라는 사실을 새삼 되새기게 되었습니다. 다시 한번 기존의 시각에서 벗어나 새로운 시각으로 세상을 바라보는 눈을 뜨게 해준 이 책과 집필하신 정완상 교수님, 출판해 주신 성림원북스 관계자 모든 분께 깊이 감사드립니다.

천재 과학자들의 오리지널 논문을 이해하게 되길 바라며

사람들은 과학 특히 물리학 하면 너무 어렵다고 생각하지요. 제가 외국인들을 만나서 얘기할 때마다 신선하게 느끼는 점이 있습니다. 그들은 고등학교까지 과학을 너무 재미있게 배웠다고 하더군요. 그래서인지 과학에 대해 상당한 지식을 가진 사람들이 많았습니다. 그 덕분에 노벨 과학상도 많이 나오는 게 아닐까 생각해요. 우리나라는 노벨 과학상 수상자가 한 명도 없습니다. 이제 청소년과 일반 독자의 과학 수준을 높여 노벨 과학상 수상자가 매년 나오는 나라가 되게 하고 싶다는 게 제 소망입니다.

그동안 양자역학과 상대성이론에 관한 책은 전 세계적으로 헤아릴 수 없을 정도로 많이 나왔고 앞으로도 계속 나오겠지요. 대부분의 책들은 수식을 피하고 관련된 역사 이야기들 중심으로 쓰여 있어요. 제가 보기에는 독자들을 고려하여 수식을 너무 배제하는 것 같았습니다. 이제는 독자들의 수준도 많이 높아졌으니 수식을 피하지 말고 천재 과학자들의 오리지널 논문을 이해하길 바랐습니다. 그래서 앞으로 도래할 양자(量子, quantum)와 상대성 우주의 시대를 멋지게 맞이하도록 도우리라는 생각에서 이 기획을 하게 된 것입니다.

원고를 쓰기 위해 논문을 읽고 또 읽으면서 어떻게 이 어려운 논문을 독자들에게 알기 쉽게 설명할까 고민했습니다. 여기서 제가 설정한 독자는 고등학교 정도의 수식을 이해하는 청소년과 일반 독자입니다. 물론 이 시리즈의 논문에 그 수준을 넘어서는 내용도 나오지만 고등학교 수학만 알면 이해할 수 있도록 설명했습니다. 이 책을 읽으며 천재 과학자들의 오리지널 논문을 얼마나 이해할지는 독자들에 따라 다를 거라 생각합니다. 책을 다 읽고 100% 혹은 70%를 이해하거나 30% 미만으로 이해하는 독자도 있을 것입니다. 저의 생각으로는 이 책의 30% 이상 이해한다면 그 사람은 대단하다고 봅니다.

이 책에서 저는 통계물리와 브라운 운동에 대한 아인슈타인의 두 논문과 랑주뱅의 논문을 다루었습니다. 보통 아인슈타인을 얘기하면 상대성이론을 주로 떠올리지만 그의 박식함은 다양한 물리학에서 나타났습니다. 이 책은 아인슈타인이 상대성원리 외에도 어떤 위대한 업적을 과학사에 남겼는지를 보여줍니다. 그를 통계역학의 창시자라고 부를 만한 통계물리 초기 연구들이나 박사 학위 논문 주제인 브라운 운동은 상대성이론과 더불어 아인슈타인이 펼쳐 낸 아름다운 이론입니다.

아인슈타인의 브라운 운동을 이해하기 위해 먼저 두 가지 주제에 관한 역사를 살펴보았습니다. 첫 번째는 확률입니다. 도박에서 시작된 확률 이론을 다루었습니다. 두 번째는 유체역학입니다. 브라운 운동이 유체 속에서 벌어지는 운동이므로 유체역학의 영웅들을 만나볼 필요가 있지요. 이러한 배경을 통해 여러분은 아인슈타인의 브라운 운동을 더 잘 알게 될 것입니다.

〈노벨상 수상자들의 오리지널 논문으로 배우는 과학〉 시리즈는 많은 이에게 도움을 줄 수 있다고 생각합니다. 과학자가 꿈인 학생과 그의 부모, 어릴 때부터 수학과 과학을 사랑했던 어른, 양자역학과 상대성이론을 좀 더 알고 싶은 사람, 아이들에게 위대한 논문을 소개하려는 과학 선생님, 반도체나 양자 암호 시스템, 우주 항공 계통 등의 일에 종사하는 직장인, 〈인터스텔라〉를 능가하는 SF 영화를 만들고 싶어 하는 영화 제작자나 웹툰 작가 등 많은 사람들에게 이 시리즈를 추천합니다.

진주에서 정완상 교수

브라운 운동의 이론을 확립한 아인슈타인
_ 파리시 박사 깜짝 인터뷰

미세 입자의 불규칙한 운동을 물리학으로 풀다

기자   오늘은 아인슈타인의 브라운 운동과 통계물리 논문에 관해 파리시 박사와 인터뷰를 진행하겠습니다. 파리시 박사는 2021년 통계물리 및 복잡계 연구로 노벨 물리학상을 수상한 분이지요. 파리시 박사님, 나와 주셔서 감사합니다.

파리시   제가 존경하는 아인슈타인의 논문에 대한 내용이라 만사를 제치고 달려왔습니다.

기자   아인슈타인이 브라운 운동을 물리학적으로 처음 연구한 학자라면서요?

파리시   브라운 운동은 용액 속에서 일어나는 미세 입자의 불규칙적인 운동입니다. 처음에 식물학자 브라운이 발견했지요. 이후 생물학자들이 이 문제에 뛰어들었으나 만족스러운 결과를 얻지 못했어요. 아인슈타인은 이것을 물리학으로 풀어야 한다고 주장했지요. 그리고 1905년 브라운 운동을 완벽하게 묘사하는 데 성공했습니다.

통계역학의 창시

기자   아인슈타인은 브라운 운동을 연구하기 위해 통계역학을 창시했다고 하는데 사실인가요?

파리시   맞습니다. 통계역학(또는 통계물리학)은 통계학으로 열역학을 다루는 학문입니다. 기체나 액체 속의 분자 수가 너무 커서 분자 하나하나의 운동을 이론적으로 다룰 수 없기 때문에 통계를 이용하는 것입니다. 즉, 통계물리학에서는 위치, 속도, 에너지를 계산할 때 기댓값이나 분산을 씁니다. 아인슈타인은 열역학과 유체역학에 대해서도 해박한 지식이 있었습니다. 그는 1902년부터 1904년 사이에 세 편의 통계역학 논문을 냈습니다. 첫 논문이 나온 1902년은 아인슈타인이 23세 때이지요. 이 세 논문은 통계역학 시대를 여는 걸작들입니다.

기자   아인슈타인이 통계역학의 창시자이군요.

파리시   일반적으로 통계역학이나 열역학을 전공하는 학자들은 아인슈타인의 논문보다는 1902년 기브스가 쓴 《통계역학의 기본 원리》를 통계역학의 완성으로 보고 있지요. 하지만 통계역학은 기브스와 아인슈타인이 독립적으로 이루었다는 게 저의 생각입니다.

기자   아인슈타인은 통계역학을 만들고 유체역학을 연구해서 브라운 운동을 성공적으로 묘사하게 된 거네요.

파리시   그렇습니다.

아인슈타인의 통계역학 연구

기자   아인슈타인은 통계역학을 어떤 식으로 설명했나요?

파리시   그는 역학에 관심이 많았어요. 역학에서는 물체의 위치와 운동량[1]이 중요한데, 아인슈타인은 열운동을 일으키는 기체 분자들의 위치와 운동량을 고려해서 열 현상을 통계적으로 해석했어요.

기자   재미있는 발상이군요. 아인슈타인이 연구한 통계역학의 의의는 뭐죠?

파리시   아인슈타인이 통계물리학의 첫 번째 논문을 발표하던 1902년에 기브스라는 물리학자도 유사한 내용의 통계물리학 연구를 발표했지요. 그런데 두 사람의 접근 방법은 서로 달랐어요.

기자   어떤 점에서요?

파리시   기브스는 엔트로피의 올바른 정의를 이용해 통계역학을 만들려고 시도했어요. 그에 비해 아인슈타인은 분자의 위치와 운동량으로 묘사하는 위상공간에 통계 개념을 도입해 기체 분자의 운동과 그에 따른 여러 가지 열역학 함수들을 유도했지요.

기자   방법엔 차이가 있었지만 둘 다 위대한 업적을 남겼네요.

---

1) 물체의 질량과 속도의 곱

1905년 브라운 운동 논문의 개요

기자　아인슈타인의 1905년 브라운 운동 논문에 대해 설명해주세요.

파리시　브라운 운동이 발견된 후 많은 과학자는 브라운 운동의 원인이 무엇인지 알고 싶어 했어요. 용액 속에서 떠다니는 미세 입자가 어떻게 움직이는지 궁금했지요. 이 문제를 물리학적으로 처음 해결한 사람이 아인슈타인입니다. 그는 초대 노벨 화학상 수상자인 판트호프의 삼투압 논문을 공부했어요. 유체역학에 대해서도 연구했지요. 그리고는 부유 입자들이 액체 속에서 불규칙적으로 움직이는 현상을 삼투 현상과 비슷한 이론으로 설명했어요.

기자　아인슈타인이 브라운 운동을 연구하면서 많은 논문과 책을 읽었다는 이야기군요.

파리시　그렇습니다. 아인슈타인은 하나의 주제에 꽂히면 그것을 연구하기 위해 수많은 논문과 책을 읽는 공붓벌레입니다. 그는 유체역학의 기본 방정식인 피크의 방정식을 이용해, 브라운 운동을 완벽하게 묘사했습니다.

기자　이 논문은 아인슈타인에게 어떤 의미가 있나요?

파리시　아인슈타인은 상대성이론이 아니라 브라운 운동으로 박사 학위를 받았습니다. 그만큼 이 주제를 좋아했던 것이지요.

브라운 운동 연구가 일으킨 파장

기자　아인슈타인의 브라운 운동 연구는 어떤 변화를 가지고 왔나요?

파리시　이것으로 랜덤워크 연구가 시작되었습니다. 랜덤워크는 현재 통계물리에서 인기를 끌고 있는 빅데이터와 네트워크 과학 등에 사용하는 중요한 개념이지요. 또한 아인슈타인의 통계역학 아이디어는 통계의 비중 있는 문제들을 푸는 데 기여했고, 복잡계 과학 연구에도 큰 역할을 했습니다. 브라운 운동과 확산에 대한 아인슈타인의 연구 결과는 증권의 주가 동향을 조사하는 금융 수학에서도 많이 쓰이고 있습니다.

기자　엄청난 영향을 주었군요.

파리시　뿐만 아니라 브라운 운동을 확산으로 해석한 아인슈타인의 방식은 유리질 물질의 비정상적인 확산을 이해하는 데도 도움을 줍니다. 지금도 많은 과학자들이 아인슈타인의 논문에서 비롯된 확산 이론을 이용해 수많은 연구 결과를 만들어 내고 있습니다.

기자　그렇군요. 지금까지 아인슈타인의 브라운 운동 논문에 대해 파리시 박사님의 이야기를 들어 보았습니다.

첫 번째 만남

•

확률의 역사

확률 개념의 탄생 _ 도박 게임에서 승률을 높이려면?

정교수 이 책의 주제는 아인슈타인의 브라운 운동 연구야. 그 전에 확률의 역사부터 살펴보겠네.

물리군 확률이 브라운 운동과 무슨 관계가 있나요?

정교수 우선 아인슈타인의 브라운 운동 논문에서 확률 개념이 등장했지. 또한 아인슈타인 이후 과학자들은 랜덤워크(맘대로 걷기) 운동을 이용해 브라운 운동을 수학적으로 묘사하거든.

물리군 그렇군요.

정교수 확률의 역사는 16세기부터 시작되었어. 확률에 대한 아이디어를 최초로 떠올렸던 수학자는 이탈리아의 카르다노야. 그가 어떤 사람이었는지 알아볼까?

카르다노(Girolamo Cardano, 1501~1576)

카르다노는 1501년 이탈리아 파비아에서 수학적 재능을 지닌 변

세상에서 가장 쉬운 과학 수업 브라운 운동

호사이자 레오나르도 다빈치의 절친한 친구인 파지오 카르다노의 사생아로 태어났다. 그는 아버지의 위압적인 양육 방식과 잦은 질병으로 우울한 어린 시절을 보냈다.

1520년 카르다노는 파비아 대학교에 입학해 의학을 공부했다. 하지만 이듬해부터 1526년까지 계속된 이탈리아 전쟁으로 파비아 당국이 1524년에 대학을 폐쇄하는 바람에 학업을 중단할 수밖에 없었다. 후에 그는 파도바 대학교에서 학업을 재개해 1525년에 의학박사 학위를 받았다.

졸업 후 카르다노는 피오베디사코라는 마을에 정착하여 의사로 일했다. 동시에 소수 귀족들의 도움으로 밀라노의 수학 교수직을 얻었다. 그리고 얼마 뒤 밀라노에서 수학자이자 의사로 유명해졌다. 그는 음수를 본격적으로 사용한 최초의 유럽 수학자였다.

한편 카르다노는 뛰어난 도박꾼이기도 했다. 그는 1564년경 《우연의 게임에 관한 책》을 썼다.[2] 이 책은 확률에 대하여 최초로 체계적으로 다루었다. 그는 확률의 기본 개념을 설명하기 위해 주사위 던지기를 예로 들었다. 주사위를 한 번 던질 때 1의 눈이 나올 확률이 $\frac{1}{6}$이 된다는 것을 처음으로 언급했다. 게다가 게임에서 유리한 결과를 얻는 방법으로 확률을 이용했다. 즉, 카르다노는 일어날 수 있는 모든 경우 중에서 어떤 특정한 사건이 일어나는 경우의 수의 비를 처음 연구했는데, 이것이 바로 확률 이론의 시작이다.

---

2) 카르다노의 사후 1663년에 출간되었다.

물리군   확률 이론이 게임에서 출발했군요.

정교수   맞아. 카르다노 다음으로 확률 이론을 발전시킨 사람은 파스칼과 프랑스의 아마추어 수학자 페르마야. 먼저 페르마의 일생을 알아보도록 하세.

페르마(Pierre de Fermat, 1607~1665)

　　페르마는 1607년에 프랑스 남부 도시 툴루즈 근처의 보몽드로마뉴라는 작은 마을에서 부유한 집정관의 아들로 태어났다. 그는 프란체스코회 학교에서 고전어와 고전문학을 배운 후 툴루즈의 대학에서 법학을 공부하여 변호사가 되었다. 그리고 1648년부터 생을 마감할 때까지 툴루즈 지방 의회 의원으로 일했다. 어릴 때부터 수학을 좋아했던 페르마는 의원이 된 뒤에도 수학책 읽는 것을 즐겼다. 특히 그리스 수학자 디오판토스가 쓴 《산술》은 그가 가장 아끼는 책이었다.

　　5개 국어에 능통한 페르마는 시 쓰는 것을 좋아했으며, 취미로 수학을 연구해 수학자 데카르트, 메르센, 오일러 등과 친하게 지냈다.

그는 비록 아마추어였으나 수학의 여러 방면에 획기적인 업적을 남긴 17세기 최고의 수학자로 손꼽힌다.

사람들과 접촉하는 것을 꺼렸던 페르마에게는 짓궂은 버릇이 있었다. 그는 자신이 발견한 새로운 정리를 증명하고서도 그 내용이 적힌 종이를 모두 쓰레기통에 버렸다. 프로 수학자가 아니었기에 굳이 논문으로 자신의 정리를 발표하지 않았던 것이다. 그는 종종 영국의 유명한 수학자들에게 편지를 보내 '나는 이런 정리를 발견해 증명했는데 당신은 모르지?'라며 약 올리곤 했다. 프로 수학자들은 페르마가 보내온 정리의 증명에 도전했지만 번번이 실패해 결국 그의 천재성을 인정할 수밖에 없었다.

물리군 이제 파스칼은 어떤 사람인지 알려주세요.

정교수 그럼 천재 수학자 파스칼의 이야기를 해 볼까?

파스칼은 프랑스 오베르뉴 지역에 있는 클레르몽페랑에서 태어났다. 그는 세 살 때 어머니를 여의었다. 판사였던 파스칼의 아버지는 과학과 수학에 관심이 많았다.

1631년에 파스칼의 가족은 파리로 이사했다. 어린 파스칼은 수학과 과학에 놀라운 재능을 보였다. 아들의 천재성을 일찌감치 알아차린 아버지는

파스칼(Blaise Pascal, 1623~1662)

파스칼을 학교에 보내지 않고 집에서 가르쳤다. 12살 때 파스칼은 기하학을 배우지 않은 상태에서 삼각형의 내각의 합이 180도인 것을 스스로 증명했다. 그러자 아버지는 그에게 유클리드의 《원론》을 사주었고, 파스칼은 이 책을 독학으로 공부했다. 그리고 13살 때 그 유명한 파스칼의 삼각형을 발견했으며, 14살 때는 프랑스 수학자 단체(현재 프랑스 학술원)의 주 정기 회동에 참가했다.

파스칼은 16살 때 원뿔 단면을 연구한 논문 〈원뿔곡선론〉을 썼다. 이것을 읽은 데카르트는 이렇게 훌륭한 논문을 16살의 소년이 쓸 수 없다며, 아버지가 쓴 것을 아들의 이름으로 게재했다고 생각했다. 하지만 아버지의 도움 없이 파스칼이 논문 주제를 직접 연구한 것이 수학자 메르센에 의해 알려지면서 그는 프랑스 수학계의 주목을 받기 시작했다.

파스칼의 아버지는 세무 감독관으로 일하며 수많은 양의 세금을 일일이 수작업으로 계산해야 했다. 1642년, 파스칼은 고생하는 아버지를 위해서 톱니바퀴를 이용한 최초의 기계식 계산기를 만들었다.

파스칼의 계산기
(출처: Rama/Wikimedia Commons)

세상에서 가장 쉬운 과학 수업 브라운 운동

1654년 후반부터 그는 신학에 몰두했다. 말년에는 치통과 두통에 시달리며 잠도 제대로 못 이룰 정도로 고통스러운 나날을 보냈다. 그러다가 1662년 8월 19일 누이의 집에서 경련 발작을 일으키고 39세의 젊은 나이에 세상을 떠났다.

물리군   너무 이른 나이에 생을 마감했군요. 파스칼과 페르마가 확률의 역사에서 이룬 업적은 뭔가요?

정교수   1654년 도박꾼 드 메레(de Mere)는 수학을 이용해 도박에서 승률을 높였어. 그는 어느 날 문득 두 가지 문제에 대해 궁금해졌지.

[첫 번째 문제] 한 개의 주사위를 네 번 던질 때, 적어도 한 번 6이 나오는 경우에 베팅하면 유리하다. 그런데 두 개의 주사위를 24번 던질 때 적어도 한 번 두 주사위의 눈이 모두 6인 경우에 베팅하면 왜 불리한가?

[두 번째 문제] 두 사람 A, B가 각자 같은 금액을 걸고 게임을 해서 5판을 먼저 이긴 사람이 판돈을 모두 가지기로 했다. 그런데 A가 4승 3패로 앞서고 있던 중에 게임을 더 이상 할 수 없게 되었다면 판돈을 두 사람에게 어떻게 분배해야 하는가?

드 메레는 이 두 문제를 수학자 파스칼에게 의뢰했다. 파스칼은 페르마와 서신 왕래를 하면서 문제의 완벽한 해답을 제시했다. 이것이 최초의 확률 문제 풀이다.

물리군   첫 번째 문제는 제가 풀 수 있어요. 주사위를 한 개 던졌을 때 6의 눈이 나올 확률은 $\frac{1}{6}$이니까 4번 던져 적어도 한 번 6의 눈이 나올 확률은

$$1-\left(\frac{5}{6}\right)^4$$

이에요. 이 값은 약 0.518이고 0.5보다 크니까 유리한 게임이지요. 하지만 주사위를 두 개 던질 때 두 주사위의 눈이 모두 6일 확률은 $\frac{1}{36}$이에요. 그러므로 두 개의 주사위를 24번 던졌을 때 적어도 한 번 두 주사위의 눈이 모두 6일 확률은

$$1-\left(\frac{35}{36}\right)^{24}$$

이고, 이 값은 약 0.491로 0.5보다 작으니까 불리한 게임이지요.

정교수   훌륭하네!

두 번째 문제에 대해 파스칼과 페르마는 다음과 같이 사고했다. 먼저 A가 이기는 경우는

8번째 경기에서 A가 이긴다.

또는

세상에서 가장 쉬운 과학 수업 브라운 운동

8번째 경기에서 B가 이기고 9번째 경기에서 A가 이긴다.

로 2가지가 있다. 반면 B가 이기는 경우는

8번째 경기에서 B가 이기고 9번째 경기에서도 B가 이긴다.

의 1가지이다.

물리군 그럼 2 : 1로 나누면 되나요?

정교수 그렇지 않아. 여기서는 각각의 확률을 생각해야 해.

파스칼과 페르마는 A가 이길 확률이

$$\frac{1}{2} + \frac{1}{2} \times \frac{1}{2} = \frac{3}{4}$$

이고, B가 이길 확률이

$$\frac{1}{2} \times \frac{1}{2} = \frac{1}{4}$$

이므로 판돈을 A : B = 3 : 1로 나누는 것이 공정함을 알아냈다.

이항계수와 파스칼의 삼각형 _ 경우의 수 헤아리기

정교수 이제 경우의 수를 헤아리는 문제를 살펴볼게. 먼저 팩토리얼에 대해 알아볼까? 어떤 자연수의 팩토리얼은 다음과 같이 정의하지.

$$1! = 1$$
$$2! = 2 \times 1$$
$$3! = 3 \times 2 \times 1$$
$$4! = 4 \times 3 \times 2 \times 1$$
$$5! = 5 \times 4 \times 3 \times 2 \times 1$$
$$\vdots$$
$$100 \times 99 \times \cdots \times 2 \times 1 = 100!$$

물리군 팩토리얼은 누가 맨 먼저 사용했나요?

정교수 팩토리얼이라는 단어는 프랑스 수학자 아르보가스트(Louis François Antoine Arbogast, 1759~1803)가 1800년에 처음 썼고, 이를 나타내는 기호인 !은 1808년 프랑스 수학자 크람프(Christian Kramp, 1760~1826)가 최초로 사용했어.

물리군 팩토리얼은 다음과 같은 성질이 있어요.

$$2! = 2 \times 1!$$
$$3! = 3 \times 2!$$

$$4! = 4 \times 3!$$
$$5! = 5 \times 4!$$

정교수   맞아. 일반적으로 나타내면

$$n! = n \times (n-1)!$$

이지. 여기에 $n = 1$을 넣어봐.

물리군 $1! = 1 \times (1-1)!$이니까

$$1 = 0!$$

이 되네요.

정교수   그렇지. $0! = 1$이라는 것을 꼭 기억해두게. 이제 순열에 대해 설명하겠네. n개 중에서 r개를 택해 일렬로 배열하는 경우의 수를 n개 중에서 r개를 택한 순열이라 하고 $_nP_r$로 나타내지.

다음과 같이 빈칸 r개가 있다고 하자.

1번에는 n개 모두 올 수 있다. 하지만 2번에는 1번에 선택한 것은 올 수 없으니까 $(n-1)$개가 올 수 있다. 3번에는 1번, 2번과 다른 것

만 올 수 있으니까 $(n-2)$개가 올 수 있다. 이런 식으로 하면 r번째 빈칸에는 $n-(r-1)$(개)가 올 수 있다. 그러므로 n개에서 r개를 택해 일렬로 배열하는 경우의 수는

$$n \times (n-1) \times (n-2) \times \cdots \times \{n-(r-1)\}(가지)$$

이다. 즉,

$$_nP_r = n \times (n-1) \times (n-2) \times \cdots \times \{n-(r-1)\} \qquad (1\text{-}2\text{-}1)$$

이 된다. 이 식은 다음과 같이 쓸 수 있다.

$$_nP_r = \frac{n \times (n-1) \times (n-2) \times \cdots \times (n-r+1) \times \{(n-r) \times (n-r-1) \times \cdots \times 2 \times 1\}}{(n-r) \times (n-r-1) \times \cdots \times 2 \times 1}$$

$$= \frac{n!}{(n-r)!} \qquad (1\text{-}2\text{-}2)$$

물리군 　n과 r가 같으면 어떻게 하죠?

정교수 　그때는 $_nP_n$이 되네. n개 중에서 n개를 모두 택해 일렬로 배열하는 순열의 수이지. 공식에 넣으면 $_nP_n = \dfrac{n!}{(n-n)!} = \dfrac{n!}{0!}$ 이고 $0! = 1$이니까 $_nP_n = n!$일세.

물리군 　$r = 0$인 경우는요?

정교수 　마찬가지로 공식에 넣으면 돼.

$$_nP_0 = \frac{n!}{(n-0)!} = \frac{n!}{n!} = 1$$

물리군 뽑아서 일렬로 세우지 않고 뽑기만 할 때의 경우의 수는 어떻게 구하나요?

정교수 그것을 수학자들은 조합이라고 부른다네. 이번에는 조합에 대해 이야기해 볼까?

　네 개의 수 1, 2, 3, 4를 생각하자. 먼저 한 개를 뽑는 경우는

　1,　2,　3,　4

이므로 4가지이다. 두 개를 뽑는 경우는

　1 2,　1 3,　1 4,　2 3,　2 4,　3 4

이므로 6가지이다. 세 개를 뽑는 경우는

　1 2 3,　1 2 4,　1 3 4,　2 3 4

이므로 4가지이다. 네 개를 뽑는 경우는

　1 2 3 4

로 1가지이다. 지금까지의 결과를 표로 정리하면 다음과 같다.

전체 개수	선택한 개수	뽑아서 일렬로 배열하는 경우의 수	뽑기만 하는 경우의 수
4	1	4	4
4	2	12	6
4	3	24	4
4	4	24	1

이 표는 다음과 같이 쓸 수 있다.

전체 개수	선택한 개수	뽑아서 일렬로 배열하는 경우의 수	뽑기만 하는 경우의 수
4	1	4	$\dfrac{4}{1}$
4	2	12	$\dfrac{12}{2}$
4	3	24	$\dfrac{24}{6}$
4	4	24	$\dfrac{24}{24}$

전체 개수가 4개인데 분모는 1, 2, 6, 24로 변한 것에 주목하자. 이것을 팩토리얼을 이용하여 다음과 같이 나타낼 수 있다.

전체 개수	선택한 개수	뽑아서 일렬로 배열하는 경우의 수	뽑기만 하는 경우의 수
4	1	4	$\dfrac{4}{1!}$
4	2	12	$\dfrac{12}{2!}$

세상에서 가장 쉬운 과학 수업 브라운 운동

4	3	24	$\dfrac{24}{3!}$
4	4	24	$\dfrac{24}{4!}$

따라서 다음과 같이 쓸 수 있다.

전체 개수	선택한 개수	뽑아서 일렬로 배열하는 경우의 수	뽑기만 하는 경우의 수
4	1	$_4P_1$	$\dfrac{_4P_1}{1!}$
4	2	$_4P_2$	$\dfrac{_4P_2}{2!}$
4	3	$_4P_3$	$\dfrac{_4P_3}{3!}$
4	4	$_4P_4$	$\dfrac{_4P_4}{4!}$

즉, 서로 다른 n개에서 순서를 따지지 않고 r개를 뽑는 경우의 수는

$$\frac{_nP_r}{r!}$$

이다. 수학자들은 이것을 $_nC_r$로 나타내고, n개에서 r개를 뽑는 조합의 수라고 부른다. 즉, n개에서 r개를 뽑는 조합의 수 $_nC_r$는

$$_nC_r = \frac{n(n-1)\cdots(n-r+1)}{r!} \quad (0 \le r \le n) \tag{1-2-3}$$

이 된다. 예를 들어,

$$_6C_2 = \frac{6 \times 5 \times 4 \times 3 \times 2 \times 1}{2! \times 4 \times 3 \times 2 \times 1} = \frac{6!}{2!4!}$$

$$_7C_3 = \frac{7 \times 6 \times 5 \times 4 \times 3 \times 2 \times 1}{3! \times 4 \times 3 \times 2 \times 1} = \frac{7!}{3!4!}$$

$$_8C_5 = \frac{8 \times 7 \times 6 \times 5 \times 4 \times 3 \times 2 \times 1}{5! \times 3 \times 2 \times 1} = \frac{8!}{5!3!}$$

이므로

$$_6C_2 = \frac{6!}{2!(6-2)!}$$

$$_7C_3 = \frac{7!}{3!(7-3)!}$$

$$_8C_5 = \frac{8!}{5!(8-5)!}$$

로 쓸 수 있다. 일반적으로

$$_nC_r = \frac{n!}{r!(n-r)!} \tag{1-2-4}$$

이 성립한다. 앞에 나온 식 (1-2-3)에서 우변의 분자와 분모에 똑같이 $(n-r)!$을 곱하면

$$_nC_r = \frac{n(n-1)\cdots(n-r+1)(n-r)!}{r!(n-r)!}$$

이고 분자는 $n!$과 같으므로

세상에서 가장 쉬운 과학 수업 브라운 운동

$$_nC_r = \frac{n!}{r!\,(n-r)!}$$

이 됨을 알 수 있다. 수학자들은 n개에서 r개를 뽑는 조합의 수 $_nC_r$를 이항계수라고 부른다. 이항계수는 다음과 같은 성질을 만족한다.

$$_nC_r = {}_nC_{n-r} \qquad\qquad\qquad (1\text{-}2\text{-}5)$$

물리군 이항계수는 누가 알아냈어요?

정교수 인도 수학자 할라유다(Halayudha, 10세기경 살았던 것으로 추정)에 의해 처음 도입되었어. 그 후 페르시아 수학자 알카라지(Abū Bakr al-Karajī, 953~1029)는 이항계수의 여러 가지 성질을 알아냈지. 그는 최초로 이항정리 공식

$$(x+y)^n = \sum_{r=0}^{n} {}_nC_r x^r y^{n-r} \qquad\qquad (1\text{-}2\text{-}6)$$

을 발견했다네.

파스칼은 1654년 《산술 삼각형에 관한 논고》[3]에서 파스칼의 삼각형을 소개했다. 이것은 이항정리 공식에서 나오는 계수들이 만드는 삼각형이다. 식 (1-2-6)에 $n = 1, 2, 3, 4$를 차례로 대입하면 다음과 같다.

---

3) 파스칼의 사후 1665년에 출간되었다.

$$(x+y)^1 = x + y$$

$$(x+y)^2 = x^2 + 2xy + y^2$$

$$(x+y)^3 = x^3 + 3x^2y + 3xy^2 + y^3$$

$$(x+y)^4 = x^4 + 4x^3y + 6x^2y^2 + 4xy^3 + y^4$$

이와 같은 이항정리에서 계수들만 나열해 보면 다음 그림이 나온다.

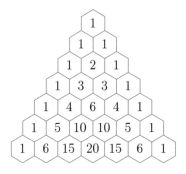

이것을 파스칼의 삼각형이라고 부르는데, 바로 위의 두 수를 더하면 아래의 수가 되는 특징이 있다.

사실 파스칼의 삼각형을 처음 알아낸 것은 파스칼이 아니었다. 역사적으로 보면 최초로 발견한 사람은 페르시아 수학자 알카라지였다. 중국에서도 파스칼보다 먼저 11세기에 수학자 시안(Jia Xian, 1010~1070)이 파스칼의 삼각형을 발견했다.

세상에서 가장 쉬운 과학 수업 브라운 운동

베르누이의 이항분포 _ 성공 또는 실패

정교수   이번에는 이항분포에 대한 이야기를 짚고 넘어가려고 하네.

물리군   좋아요.

정교수   예를 들어 동전 두 개를 던지는 경우를 생각해 볼까?

동전의 앞면의 개수를 X라고 두면

$X = 0, 1, 2$

이다. 각각의 X에 대한 확률을 $P(X)$로 놓으면

$$P(0) = \frac{1}{4}$$

$$P(1) = \frac{1}{2}$$

$$P(2) = \frac{1}{4}$$

이 된다. 이때 X를 이산확률변수라고 한다.

물리군 '이산'은 무슨 뜻이에요?

정교수 '띄엄띄엄 떨어진'이라고 생각하면 돼. X가 가질 수 있는 값이 0, 1, 2로 띄엄띄엄 떨어져 있으니까 말이야.

X와 $P(X)$를 표로 나타내자.

X	0	1	2
$P(X)$	$\frac{1}{4}$	$\frac{1}{2}$	$\frac{1}{4}$

이렇게 이산확률변수와 각 변수에 대한 확률을 표로 만든 것을 이산확률분포표라고 부른다.

이제 일반적인 경우를 다루어 보자. 이산확률변수 X가 취할 수 있는 값(이것을 변량이라고 한다)이

$$x_1, x_2, x_3, \cdots, x_n$$

이고 X가 x_i일 때의 확률을 p_i라고 하면 이산확률분포표는 다음과 같다.

X	x_1	x_2	x_3	$\cdots$	x_n
$P(X)$	p_1	p_2	p_3	$\cdots$	p_n

확률의 총합이 1이 되어야 하므로

$$\sum_{i=1}^{n} p_i = 1$$

이다. 이때 이산확률변수 X의 기댓값(또는 평균)을 $< X >$라고 하면 기댓값은

$$< X > = \sum_{i=1}^{n} x_i p_i$$

로 정의한다.

이산확률변수에서 기댓값을 뺀 값의 제곱의 기댓값을 수학자들은 분산이라고 부른다. 분산은 V_X로 쓰는데

$$V_X = <(X-<X>)^2>$$

$$= \sum_{i=1}^{n}(x_i-<X>)^2 p_i$$

로 정의한다. 이 식은 다음과 같이 바꿀 수 있다.

$$V_X = \sum_{i=1}^{n}(x_i-<X>)^2 p_i$$

$$= \sum_{i=1}^{n}(x_i^2 - 2<X>x_i + <X>^2)p_i$$

$$= \sum_{i=1}^{n}x_i^2 p_i - 2<X>\sum_{i=1}^{n}x_i p_i + <X>^2\sum_{i=1}^{n}p_i$$

$$= <X^2> - 2<X><X> + <X>^2$$

$$= <X^2> - <X>^2$$

물리군 기댓값 주변에 변량들이 얼마나 멀리 또는 가까이 퍼져 있는 가를 나타내기 위해 분산을 정의하는군요.

정교수 맞아. 또한 수학자들은 분산에 루트를 취한 값을 표준편차라 하고 σ_X로 쓴다네.

$$\sigma_X = \sqrt{V_X}$$

물리군 왜 루트를 취해서 표준편차를 정의하는 거죠?

세상에서 가장 쉬운 과학 수업 브라운 운동

정교수   단위를 맞추기 위해서야. 확률변수가 길이의 차원을 가진다고 가정해 보세. 그러면 분산은 길이의 제곱, 즉 넓이의 차원을 가지게 돼. 하지만 루트를 취한 표준편차는 길이의 차원을 가진다네.

물리군   그런 이유가 있었군요. 표준편차에는 어떤 의미가 있나요?

정교수   확률분포에서 기댓값을 구했을 때 얼마나 오차가 있는가를 나타낸다고 생각하면 되네. 예를 들어 앞에서 논의한 두 개의 동전을 던지는 경우 기댓값은

$$<X> = 0 \times \frac{1}{4} + 1 \times \frac{1}{2} + 2 \times \frac{1}{4} = 1$$

이야.

물리군   앞면이 1개 나올 것으로 기대된다는 뜻이군요.

정교수   그렇지.

분산과 표준편차도 계산해 보자.

$$<X^2> = 0^2 \times \frac{1}{4} + 1^2 \times \frac{1}{2} + 2^2 \times \frac{1}{4} = \frac{3}{2}$$

이므로 분산은

$$V_X = \frac{3}{2} - 1^2 = \frac{1}{2}$$

이고 표준편차는

$$\sigma_X = \frac{1}{\sqrt{2}} \fallingdotseq 0.7$$

이 된다.

물리군 표준편차가 큰 건가요, 작은 건가요?

정교수 기댓값이 1인데 표준편차가 0.7이니까 큰 편이라고 볼 수 있다네.

물리군 기댓값에 대한 오차가 큰 편이네요.

정교수 그렇다고 할 수 있어. 이제 이산확률분포 중에서 제일 유명한 이항분포에 대해 이야기할 거야. 이항분포를 처음 알아낸 사람은 야코프 베르누이라네. 역사상 가장 위대한 수학 가문인 베르누이가의 시작이 된 사람이지.

물리군 수학 가문이요?

정교수 3대에 걸쳐 수학자 8명을 배출한 스위스의 위대한 가문이야.

[1대]

• 야코프 베르누이(Jacob Bernoulli, 1654~1705): 장남. 베르누이수, 베르누이 확률분포, 베르누이 미분방정식의 창시자

• 요한 베르누이(Johann Bernoulli, 1667~1748): 야코프의 동생. 미적분 연구, 로피탈 정리 발견

세상에서 가장 쉬운 과학 수업 브라운 운동

[2대]

- 니콜라우스 베르누이 1세(Nicolaus I Bernoulli, 1687~1759): 니콜라우스 베르누이의 아들. 곡선 이론, 미분방정식, 확률론 연구
- 니콜라우스 베르누이 2세(Nicolaus II Bernoulli, 1695~1726): 요한 베르누이의 장남, 상트페테르부르크 대학 수학 교수
- 다니엘 베르누이(Daniel Bernoulli, 1700~1782): 요한 베르누이의 차남, 유체역학에서의 베르누이 방정식 발견
- 요한 베르누이 2세(Johann II Bernoulli, 1710~1790): 요한 베르누이의 삼남, 수학자 및 물리학자

[3대]

- 요한 베르누이 3세(Johann III Bernoulli, 1744~1807): 요한 베르누이 2세의 장남, 천문학자 및 수학자
- 야코프 베르누이 2세(Jacob II Bernoulli, 1759~1789): 요한 베르누이 2세의 삼남, 물리학자 및 수학자

물리군 대단한 가문이네요.

정교수 사실 8명의 수학자 중에서 유명한 사람은 야코프, 요한, 다니엘 이렇게 세 사람이야. 야코프와 요한에 대해 좀 더 알아보세.

야코프 베르누이
(Jacob Bernoulli, 1654~1705)

요한 베르누이
(Johann Bernoulli, 1667~1748)

　야코프와 동생 요한은 당대 최고의 수학자였지만 둘의 사이는 엄청나게 나빴다. 야코프는 요한이 자신을 빼고 라이프니츠와 서신을 주고받는 것에 심하게 질투했다. 당시 스위스 바젤 대학 수학과 교수였던 야코프는 동생 요한이 바젤 대학교 교수가 되는 것을 철저하게 방해했다.

　요한은 프랑스 로피탈 후작의 개인 수학 과외 선생으로 일했다. 로피탈은 요한의 모든 연구 결과를 사용할 권리를 얻었다. 요한이 강의해준 대부분의 내용을 토대로 로피탈은 1696년 최초의 미분 교과서인 《곡선 이해를 위한 무한소 해석》을 출간했다. 이 과정에서 로피탈은 요한이 발견한 극한에 관한 정리를 자신이 한 것으로 서술했는데 그것이 바로 유명한 로피탈 정리였다.

　한편 야코프가 죽은 후 요한의 시기심은 자신의 재능 있는 아들 다

　세상에서 가장 쉬운 과학 수업 브라운 운동

니엘에게로 옮겨갔다.

　야코프 베르누이는 1713년에 발간된 《추측술(Ars Conjectandi)》에서 베르누이 시행과 이항분포를 소개했다.

《추측술》

　베르누이는 한 번의 시행에서 두 가지 경우가 일어나는 것을 생각했다. 그는 둘 중 하나를 성공, 다른 하나를 실패로 불렀다. 예를 들어 주사위를 한 개 던지는 경우에서는 다음과 같이 정의하자.

　(성공) 1의 눈이 나온다.
　(실패) 1의 눈이 나오지 않는다.

　이때 성공 확률을 p, 실패 확률을 q라고 하면

$$p + q = 1$$

이다. 주사위를 던지는 문제에서는

$$p = \frac{1}{6}, \ q = \frac{5}{6}$$

가 된다. 이렇게 하나의 시행에서 성공과 실패를 정의할 수 있는 것을 베르누이 시행이라고 한다.

베르누이는 이러한 시행이 독립적으로 여러 번 이루어지는 경우를 생각했다. 예를 들어 베르누이 시행을 3번 독립적으로 한다고 하자.[4] 이때 일어날 수 있는 경우는 다음과 같다.

(i) 0번 성공

(ii) 1번 성공

(iii) 2번 성공

(iv) 3번 성공

이 중에서 한 번 성공하는 경우는 다음 표와 같이 3가지이다.

첫 번째 시행	두 번째 시행	세 번째 시행
성공	실패	실패
실패	성공	실패
실패	실패	성공

이것은 3개 중에서 1개를 뽑는 조합의 수인 $_3C_1 = 3$과 같다. 그러

---

4) 이것을 독립시행이라고 부른다.

　　　　　　　　　세상에서 가장 쉬운 과학 수업 브라운 운동

므로 3번의 시행 중에서 한 번 성공할 확률은

$$_3C_1 pq^2$$

이다. 베르누이는 일반적으로 n번의 독립적인 베르누이 시행에서 r번의 성공이 일어날 확률을 $P(n, r)$로 놓고, 이것이

$$P(n, r) = {}_nC_r p^r q^{n-r}$$

이 된다는 것을 알아냈다. 이 확률이 이항계수로 나타나므로 이렇게 주어지는 확률분포를 이항분포라고 한다.

다음 그림은 $n = 40$, $p = \dfrac{1}{2}$ 일 때의 이항분포를 나타낸다.

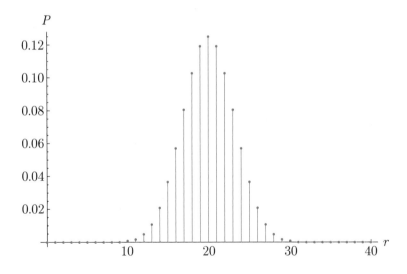

다음 그림은 $n = 40$, $p = \dfrac{1}{6}$ 일 때의 이항분포를 나타낸다.

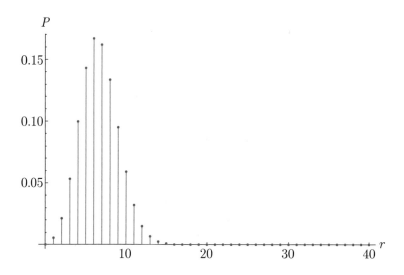

이항정리로부터 확률의 총합이 1이 됨을 알 수 있다.

$$\sum_{r=0}^{n} P(n, r) = \sum_{r=0}^{n} {}_nC_r\, p^r q^{n-r} = (p + q)^n = 1$$

이제 이항분포에서 성공 횟수 r의 기댓값을 구해 보자.

$$< r > = \sum_{r=0}^{n} r\, {}_nC_r\, p^r q^{n-r}$$

$$= \sum_{r=0}^{n} r\, \frac{n!}{r!\,(n-r)!}\, p^r q^{n-r}$$

세상에서 가장 쉬운 과학 수업 브라운 운동

$$= \sum_{r=1}^{n} \frac{n!}{(r-1)!(n-r)!} p^r q^{n-r}$$

여기서 $r - 1 = r'$으로 놓으면

$$< r > = \sum_{r'=0}^{n-1} \frac{n!}{r'!(n-1-r')!} p^{r'+1} q^{n-1-r'}$$

$$= np \sum_{r'=0}^{n-1} \frac{(n-1)!}{r'!(n-1-r')!} p^{r'} q^{n-1-r'}$$

$$= np(p+q)^{n-1}$$

$$= np$$

가 된다. 즉, 성공 횟수의 기댓값은 총 시행 횟수와 성공 확률의 곱이다.

물리군   이항분포에서 분산은 어떻게 구하나요?

정교수   분산의 정의를 사용하면 돼.

이항분포에서 성공 횟수 r의 분산을 V_r라고 두면

$$V_r = < r^2 > - < r >^2$$

으로 쓸 수 있다. 한편

$$< r^2 > = < r(r-1) > + < r >$$

이므로

$$V_r = <r(r-1)> + <r> - <r>^2$$

이 된다. 여기서

$$<r(r-1)> = \sum_{r=0}^{n} r(r-1)\,_nC_r\, p^r q^{n-r}$$

$$= \sum_{r=0}^{n} r(r-1) \frac{n!}{r!(n-r)!} p^r q^{n-r}$$

$$= \sum_{r=2}^{n} \frac{n!}{(r-2)!(n-r)!} p^r q^{n-r}$$

$$= \sum_{r'=0}^{n-2} \frac{n!}{r'!(n-2-r')!} p^{r'+2} q^{n-2-r'}$$

$$= n(n-1)p^2 \sum_{r'=0}^{n-2} \frac{(n-2)!}{r'!(n-2-r')!} p^{r'} q^{n-2-r'}$$

$$= n(n-1)p^2 (p+q)^{n-2}$$

$$= n(n-1)p^2$$

이다. 따라서 분산은

$$V_r = n(n-1)p^2 + np - n^2 p^2$$

$$= np(1-p) = npq$$

세상에서 가장 쉬운 과학 수업 브라운 운동

가 되고, 표준편차 σ_r는

$$\sigma_r = \sqrt{npq}$$

이다. 특별히 $p = \dfrac{1}{2}$인 경우에 기댓값과 분산, 표준편차는

$$< r > = \frac{n}{2}$$

$$V_r = \frac{n}{4}$$

$$\sigma_r = \frac{\sqrt{n}}{2}$$

이 된다.

연속확률분포 _ 확률변수가 연속적으로 변하는 경우

정교수 이번에는 연속확률분포에 대해 이야기할게.

물리군 연속확률분포라면 확률변수가 연속인 것을 말하나요?

정교수 맞아. 확률변수가 연속적으로 변하는 경우를 뜻해. 연속확률변수는 앞으로 x라고 쓰겠네. 연속확률변수가 x일 확률을 $p(x)$라고 하면 $p(x)$는 x의 함수야. 여기서 x는 $-\infty$에서 ∞까지 변하는 경우를 생각할 거야. 이때 $p(x)$를 확률밀도함수라고 부르지.

확률의 총합은 1이므로

$$\int_{-\infty}^{\infty} p(x)\,dx = 1$$

이고, x의 기댓값과 분산, 표준편차는 다음과 같다.

$$<x> = \int_{-\infty}^{\infty} xp(x)\,dx$$

$$V_x = <x^2> - <x>^2 = \int_{-\infty}^{\infty} x^2 p(x)\,dx - \left(\int_{-\infty}^{\infty} xp(x)\,dx\right)^2$$

$$\sigma_x = \sqrt{V_x}$$

예를 들어 다음 연속확률분포를 보자.

$$p(x) = \begin{cases} 0 & (x < -a) \\ A & (-a < x < a) \\ 0 & (x > a) \end{cases}$$

여기서 $a > 0$이다.

확률의 총합이 1이므로

$$\int_{-\infty}^{\infty} p(x)\,dx = \int_{-a}^{a} A\,dx = 2aA = 1$$

이 된다. 그러므로

$$A = \frac{1}{2a}$$

세상에서 가장 쉬운 과학 수업 브라운 운동

이다. 즉, 연속확률분포는

$$p(x) = \begin{cases} 0 & (x < -a) \\ \dfrac{1}{2a} & (-a < x < a) \\ 0 & (x > a) \end{cases}$$

이 된다. 이것을 그래프로 그리면 다음과 같다.

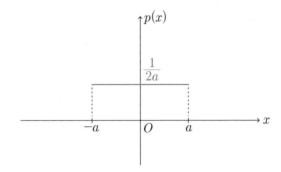

이제 기댓값을 구해 보자.

$$< x > = \int_{-\infty}^{\infty} x p(x) \, dx$$

$$= \int_{-a}^{a} \frac{1}{2a} x \, dx$$

$$= 0$$

변수의 제곱의 평균을 구하면

$$<x^2> = \int_{-\infty}^{\infty} x^2 p(x)\, dx$$

$$= \int_{-a}^{a} \frac{1}{2a} x^2\, dx$$

$$= \frac{a^2}{3}$$

이므로 분산은

$$V_x = \frac{a^2}{3}$$

이고, 표준편차는

$$\sigma_x = \frac{a}{\sqrt{3}}$$

가 된다.

물리군 a가 작을수록 표준편차가 작아지는군요.

정교수 그렇다네.

세상에서 가장 쉬운 과학 수업 브라운 운동

드무아브르와 가우스의 정규분포 _ 특별한 연속확률분포

정교수　이번에는 연속확률분포 중에서 가장 중요한 정규분포의 역사를 알아볼 거야.

물리군　정규분포는 가우스가 처음 이뤄낸 업적이죠?

정교수　많이들 그렇게 알고 있지만 잘못 알려진 사실이야. 정규분포를 최초로 발견한 사람은 수학자 드무아브르일세.

드무아브르(Abraham de Moivre, 1667~1754)

　드무아브르는 1667년 5월 26일 프랑스의 비트리르프랑수아에서 태어나 외과 의사인 아버지 밑에서 자랐다. 그의 집은 프로테스탄트였기 때문에 드무아브르는 스당에 있는 프로테스탄트 아카데미에 다니며 4년 동안 그리스어를 공부했다. 하지만 수학에 관심이 많았던 그는 독학으로 수학을 공부했다.

　1682년 프로테스탄트 아카데미가 폐지되면서 드무아브르는 2년 동안 소뮈르 대학에서 논리학을 공부했다. 1684년에는 물리학을 배우러 파리로 이주했다. 그 후 영국으로 건너간 그는 생계를 위해 개인 가정교사가 되었고, 집을 방문하거나 런던의 커피숍에서 학생들에게 수학을 가르쳤다. 런던에서 드무아브르는 핼리[5]와 뉴턴을 친구로 사귀었다.

드무아브르는 평생 수학과 교수가 되지 못한 채 개인 과외로 돈을 벌었다. 그는 사망할 때까지 확률 연구를 계속했고, 1711년《확률론(The Doctrine of Chances)》을 출간했다.

《확률론》

이 책의 네 번째 개정판[6]에서 드무아브르는 변수 x가 $-\infty$부터 ∞까

5) 핼리혜성의 발견자

6) 드무아브르의 사후 1756년에 출간되었다.

지 연속적으로 변하는 연속확률분포 중에서 확률밀도함수가

$$P(x) = ce^{-ax^2} \ (a > 0)$$

(1-5-1)

의 꼴로 주어지는 경우인 1733년의 연구 내용을 추가했다. 이것이 바로 정규분포의 확률밀도함수이다. 확률밀도함수는

$$\int_{-\infty}^{\infty} P(x)\,dx = 1$$

(1-5-2)

을 만족한다. 즉,

$$\int_{-\infty}^{\infty} ce^{-ax^2}\,dx = 1$$

로부터 c를 결정해야 한다. 하지만 드무아브르는

$$\int_{-\infty}^{\infty} e^{-ax^2}\,dx$$

(1-5-3)

를 어떻게 계산하는지 알 수가 없었다.

물리군   이 적분값을 누가 구했나요?

정교수   수학 천재 가우스(Carl Friedrich Gauss, 1777~1855)가 이 적분을 처음 계산하는 데 성공해. 이것을 이해하려면 고등학교에서 배우지 않는 역삼각함수를 먼저 알아야 하네.

삼각함수의 역함수를 역삼각함수라고 부른다. $\sin x$의 역함수를 $\sin^{-1} x$, $\cos x$의 역함수를 $\cos^{-1} x$, $\tan x$의 역함수를 $\tan^{-1} x$로 쓴다. 역함수는 $y = f(x)$에서 x와 y를 서로 바꾸면 되는데 여기서는 조금 문제가 있다. 함수 $y = \sin x$는 일대일대응이 아니기 때문이다.

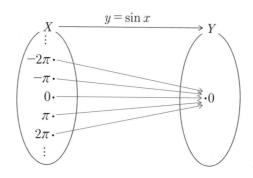

예를 들어 정의역에 있는 원소 $\cdots$, -2π, $-\pi$, 0, π, 2π, $\cdots$는 모두 공역의 원소인 0에 대응한다. 즉, 정의역의 원소 무한개가 공역의 원소 한 개에 대응하는 것이다. 역함수는 일대일대응일 때만 정의하기 때문에 수학자들은 제한된 구간에서의 $y = \sin x$를 생각했다. 이 구간을 $\left[-\dfrac{\pi}{2}, \dfrac{\pi}{2} \right]$로 택하자. 이것은 $-\dfrac{\pi}{2} \leq x \leq \dfrac{\pi}{2}$라는 뜻이다. 공역을 $[-1, 1]$로 놓으면 이 함수는 일대일대응이 된다. $\left[-\dfrac{\pi}{2}, \dfrac{\pi}{2} \right]$에 있는 몇 개의 각에 대한 $\sin x$의 값은 다음과 같다.

$\sin 0 = 0$

$\sin \dfrac{\pi}{6} = \dfrac{1}{2}$

$$\sin\frac{\pi}{4} = \frac{1}{\sqrt{2}}$$

$$\sin\frac{\pi}{3} = \frac{\sqrt{3}}{2}$$

$$\sin\frac{\pi}{2} = 1$$

사인함수는 기함수이니까

$$\sin\left(-\frac{\pi}{6}\right) = -\frac{1}{2}$$

$$\sin\left(-\frac{\pi}{4}\right) = -\frac{1}{\sqrt{2}}$$

$$\sin\left(-\frac{\pi}{3}\right) = -\frac{\sqrt{3}}{2}$$

$$\sin\left(-\frac{\pi}{2}\right) = -1$$

이 된다. 이 식들로부터

$$\sin^{-1}0 = 0$$

$$\sin^{-1}\frac{1}{2} = \frac{\pi}{6}$$

$$\sin^{-1}\frac{1}{\sqrt{2}} = \frac{\pi}{4}$$

$$\sin^{-1}\frac{\sqrt{3}}{2} = \frac{\pi}{3}$$

$$\sin^{-1}1 = \frac{\pi}{2}$$

$$\sin^{-1}\left(-\frac{1}{2}\right) = -\frac{\pi}{6}$$

$$\sin^{-1}\left(-\frac{1}{\sqrt{2}}\right) = -\frac{\pi}{4}$$

$$\sin^{-1}\left(-\frac{\sqrt{3}}{2}\right) = -\frac{\pi}{3}$$

$$\sin^{-1}(-1) = -\frac{\pi}{2}$$

이다. $y = \sin^{-1}x$의 정의역은 [−1, 1]이고 공역은 $\left[-\frac{\pi}{2}, \frac{\pi}{2}\right]$가 된다. 이 함수의 그래프는 다음과 같다.

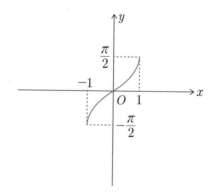

세상에서 가장 쉬운 과학 수업 브라운 운동

마찬가지로 $y = \cos^{-1}x$ 도 $x = \cos y$ 로부터 정의할 수 있다. 그래프
는 다음과 같다.

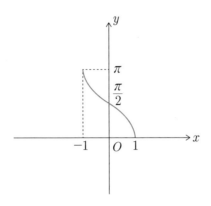

$y = \cos^{-1}x$ 의 정의역은 $[-1, 1]$이고 공역은 $[0, \pi]$가 된다.

$y = \tan^{-1}x$ 도 $x = \tan y$ 로부터 정의할 수 있다. 그래프는 다음과 같다.

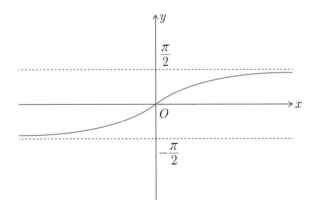

$y = \tan^{-1}x$의 정의역은 $(-\infty, \infty)$이고 공역은 $\left(-\dfrac{\pi}{2}, \dfrac{\pi}{2}\right)$가 된다. $y = \tan^{-1}x$의 몇 가지 중요한 값은 다음과 같다.

$$\tan^{-1}(0) = 0$$

$$\tan^{-1}(\infty) = \frac{\pi}{2}$$

$$\tan^{-1}(-\infty) = -\frac{\pi}{2}$$

이제 다음과 같은 함수를 보자.

$$I(t) = \int_0^t \frac{dx}{1+x^2} \tag{1-5-4}$$

이 적분에서 $x = \tan\theta$로 치환하면

$$dx = \sec^2\theta d\theta$$

이고

$$1 + x^2 = 1 + \tan^2\theta = \sec^2\theta$$

이므로

$$I(t) = \int_0^{\tan^{-1}t} d\theta = \tan^{-1}t \tag{1-5-5}$$

가 된다. 따라서

세상에서 가장 쉬운 과학 수업 브라운 운동

$$I(\infty) = \int_0^\infty \frac{dx}{1+x^2} = \frac{\pi}{2} \tag{1-5-6}$$

이다.

이번에는 다음과 같은 함수를 생각하자.

$$F(t) = \int_0^\infty \frac{e^{-t^2(1+x^2)}}{1+x^2} dx \tag{1-5-7}$$

이때

$$F(0) = \frac{\pi}{2}$$

이고 $t \to \infty$이면 $e^{-t^2(1+x^2)} \to 0$이므로

$$F(\infty) = 0$$

이 된다. 이제 $F(t)$를 t로 미분하자.

$$F'(t) = -2\int_0^\infty te^{-t^2(1+x^2)} dx$$

$$= -2te^{-t^2} \int_0^\infty e^{-t^2x^2} dx$$

이 적분에서 $tx = y$로 치환하면

$$tdx = dy$$

이므로

$$F'(t) = -2te^{-t^2}\frac{1}{t}\int_0^\infty e^{-y^2}dy$$

$$= -2e^{-t^2}\int_0^\infty e^{-y^2}dy$$

가 된다. 여기서

$$J = \int_0^\infty e^{-y^2}dy$$

로 놓으면

$$F'(t) = -2e^{-t^2}J$$

이다. 양변을 적분하면

$$\int_0^\infty F'(t)\,dt = -2J\int_0^\infty e^{-t^2}dt$$

가 되어

$$F(\infty) - F(0) = -2J^2$$

이다. 따라서

$$J^2 = \frac{\pi}{4}$$

세상에서 가장 쉬운 과학 수업 브라운 운동

이므로

$$J = \int_0^\infty e^{-y^2} dy = \frac{\sqrt{\pi}}{2}$$ (1-5-8)

가 된다.

이제 다음 적분을 생각하자.

$$\int_{-\infty}^\infty e^{-y^2} dy$$ (1-5-9)

e^{-y^2}이 우함수이므로

$$\int_{-\infty}^\infty e^{-y^2} dy = 2\int_0^\infty e^{-y^2} dy = \sqrt{\pi}$$ (1-5-10)

이다. 이 적분은 가우스가 처음 구한 것이므로 가우스 적분이라고 부른다.

다음 적분을 생각하자.

$$K = \int_{-\infty}^\infty e^{-ay^2} dy \quad (a는 양수)$$ (1-5-11)

여기서 $\sqrt{a}\,y = x$로 치환하면

$$dy = \frac{1}{\sqrt{a}} dx$$

이므로

$$K = \frac{1}{\sqrt{a}} \int_{-\infty}^{\infty} e^{-x^2} dx = \sqrt{\frac{\pi}{a}}$$ (1-5-12)

가 된다. 즉,

$$\int_{-\infty}^{\infty} e^{-ay^2} dy = \sqrt{\frac{\pi}{a}}$$ (1-5-13)

이다. 이때 우리는 다음과 같은 두 개의 식을 얻을 수 있다.

$$\int_{-\infty}^{\infty} y e^{-ay^2} dy = 0$$ (1-5-14)

$$\int_{-\infty}^{\infty} y^2 e^{-ay^2} dy = \frac{1}{2} \sqrt{\frac{\pi}{a^3}}$$ (1-5-15)

물리군 식 (1-5-14)에서는 ye^{-y^2}이 기함수이니까 0이 되는 건 알겠는데, 식 (1-5-15)는 왜 성립하죠?

정교수 간단해. 식 (1-5-13)의 양변을 a로 미분해 봐. 그러면

$$\int_{-\infty}^{\infty} (-y^2) e^{-ay^2} dy = -\frac{1}{2} \sqrt{\pi}\, a^{-\frac{3}{2}}$$

이 되거든. 그러니까 식 (1-5-15)가 성립하지.

물리군 그렇군요.

정교수 가우스 적분의 도움으로 드무아브르의 정규분포는 완벽한 꼴을 가지게 되었다네.

정규분포의 확률밀도함수는

세상에서 가장 쉬운 과학 수업 브라운 운동

$$P(x) = \sqrt{\frac{a}{\pi}}\, e^{-ax^2} \qquad\qquad (1\text{-}5\text{-}16)$$

이다. 정규분포에서 x의 기댓값은 식 (1-5-14)로부터

$$<x> = 0$$

이 된다. 한편 정규분포에서 x의 분산은 식 (1-5-15)로부터

$$V_x = <x^2> = \frac{1}{2a}$$

이고, 표준편차는

$$\sigma_x = \frac{1}{\sqrt{2a}}$$

이다. 그러므로 x의 기댓값이 0이고 표준편차가 σ_x인 정규분포의 확률밀도함수는

$$P(x) = \frac{1}{\sqrt{2\pi\sigma_x^2}}\, e^{-\frac{x^2}{2\sigma_x^2}} \qquad\qquad (1\text{-}5\text{-}17)$$

이 된다.

다음 그림은 정규분포의 그래프이다. 검은색은 $\sigma_x = 0.1$, 파란색은 $\sigma_x = 0.2$인 경우이다.

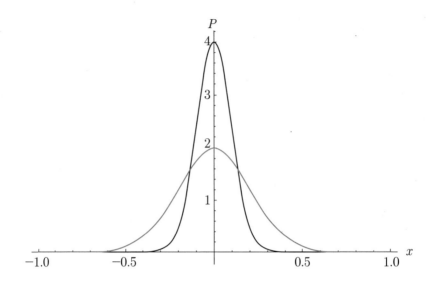

물리군 표준편차가 작을수록 그래프 모양이 뾰족해지네요.

정교수 맞아. 표준편차가 작을수록 변량들이 평균 주위에 몰려 있는 걸 뜻한다네.

물리군 그렇군요.

세상에서 가장 쉬운 과학 수업 브라운 운동

두 번째 만남

•

유체역학의 역사

아르키메데스의 원리 _ 부력의 발견

정교수   아인슈타인의 브라운 운동을 제대로 이해하려면 유체역학과 통계역학의 역사를 먼저 알아야 하네. 통계역학은 세 번째 만남에서 이야기하기로 하고, 두 번째 만남에서는 유체역학에 관한 역사를 훑어볼 걸세. 이 내용을 알고 있어야 아인슈타인의 논문을 이해할 수 있거든.

물리군   좋아요.

정교수   유체는 보통 액체와 기체를 합쳐 부르는 용어인데 일반적인 정의로는 흐르는 성질을 지닌 물체를 말해. 흘러가는 강물이나 바람 등이 바로 유체이지. 이러한 유체의 성질을 연구하는 물리학을 유체역학이라고 부른다네. 유체는 우리 주변에서 흔히 볼 수 있기 때문에 고대 이집트나 바빌로니아, 그리스의 과학자들은 유체에 대해 어느 정도의 지식을 가지고 있었지. 하지만 역사적으로 유체의 성질을 최초로 밝힌 사람은 시라쿠사의 과학자 아르키메데스였어. 그의 어린 시절부터 소개하겠네.

아르키메데스는 기원전 287년 고대 그리스 식민지인 시칠리아(현재 이탈리아의 섬)의 항구도시 시라쿠사에서 태어났다. 아르키메데스의 전기는 그의 친구인 헤라클레이데스가 썼지만 이 작품은 유실되어 그의 생애에 대한 자세한 내용은 불분명하다.

아르키메데스는 어릴 때 바닷가에 가서 노는 것을 좋아했다. 조개와 거북이, 돌고래는 모두 그의 친구들이었다. 그는 바람이 불지 않고 파도가 잔잔한 날이면 바닷가에서 공부했다. 당시에는 종이도 연필도 없었기 때문에 바닷가 모래밭을 종이 삼아 수학 문제를 풀곤 했다.

아르키메데스(Archimedes, B.C.287~B.C.212)

그때 시라쿠사의 왕은 아르키메데스의 아버지의 친구인 히에로였다. 히에로 왕은 로마와 동맹을 맺어 시라쿠사는 평화로운 나날의 연속이었다.

열일곱 살이 되던 해 아르키메데스는 아버지와 이집트에 갔다. 그는 당시 가장 높은 수준의 수학과 물리학을 가르치는 이집트 알렉산드리아의 왕립 학교에 다니게 되었다. 그에게 수학과 물리학을 가르친 코논 선생은 그리스 최고의 기하학자인 유클리드의 제자였다. 아르키메데스는 수학과 물리학에 뛰어난 재능을 보여 코논 선생의 사랑을 독차지했다.

그는 틈만 나면 알렉산드리아의 도서관을 구경했다. 이곳은 당대 세계에서 가장 큰 도서관으로 없는 책이 없었다. 아르키메데스는 수학자 유클리드의 책을 찾아 열심히 베꼈다. 시라쿠사로 돌아가서도 공부하기 위해서였다.

거기서 아르키메데스는 아리스타르코스라는 좋은 친구를 만났다. 그는 지구가 태양 주위를 움직인다는 것을 주장하고 지구와 태양, 지구와 달 사이 거리를 처음 계산한 훌륭한 과학자였다.

이집트에서 공부를 마치고 시라쿠사로 돌아온 아르키메데스는 물리학과 수학을 실제 생활에 적용하는 것에 관심을 기울였다. 그리하여 나사못이나 나선식 펌프와 같은 많은 발명품을 만들었다.

수학에 있어서 아르키메데스의 가장 위대한 업적은 원주율 계산이다. 그는 수레바퀴를 한 바퀴 굴러가게 했을 때 그 지나간 길이가 바퀴의 둘레라는 사실에 주목했다. 그리고 바퀴가 크든 작든 둘레의 길이는 바퀴의 지름에 어떤 일정한 수를 곱한 값으로 나타난다는 것을 알아냈다. 그는 이 일정한 수를 원주율이라고 불렀다.

아르키메데스는 원주율을 구하기 위해 원에 내접하는 정다각형과 원에 외접하는 정다각형을 이용했다. 즉, 원의 둘레는 원에 내접하는 정다각형의 둘레보다는 길고 원에 외접하는 정다각형의 둘레보다는 짧다는 성질에서 원주율이 71분의 223과 7분의 22 사이의 값이라는 것을 알아냈다. 원주율의 발견으로 아르키메데스는 원의 넓이나 구의 부피를 계산할 수 있었다. 그는 원뿔의 부피가 원기둥의 부피의 3분의 1이 된다는 것도 찾아냈다.

또한 아르키메데스는 작은 힘으로 무거운 물체를 들어 올리는 지레를 발명했다. 그는 받침점과 충분히 긴 지렛대를 주면 지구도 들어 올릴 수 있다고 말하곤 했다.

히에로 왕이 죽고 히에로니무스 왕이 즉위하자 시라쿠사는 시끄러워지기 시작했다. 히에로니무스 왕이 그동안 맺어왔던 로마와의 동맹을 깨고 카르타고와 동맹을 맺었기 때문이었다. 지중해의 패권을

세상에서 가장 쉬운 과학 수업 브라운 운동

둘러싸고 로마와 카르타고는 세 차례 전쟁을 치르는데 이것을 포에
니 전쟁이라고 한다.

제2차 포에니 전쟁(B.C.218~B.C.201) 중이던 기원전 214년에 로
마는 시라쿠사를 공격했다. 이때 아르키메데스는 시라쿠사를 지키기
위해 각종 무기를 만들었다.

로마군은 육군과 해군으로 나누어 시라쿠사를 공격했는데 아르키
메데스는 지렛대 원리를 이용한 투석기로 그들을 물리쳤다. 그다음
에는 마르셀루스 장군이 이끄는 해군이 시라쿠사를 공격했다. 아르
키메데스는 그들의 공격을 막아내기 위해 두 종류의 무기를 만들었
다. 하나는 도르래를 여러 개 연결한 장치이고 다른 하나는 빛을 한곳
에 모을 수 있는 커다란 오목거울이었다. 아르키메데스는 움직도르

래 한 개를 이용하면 힘이 절반으로 줄어드는 성질을 알고 있었다. 그는 움직도르래 여러 개를 설치하고 로마 해군이 잠든 틈을 이용해 도르래에 걸린 줄 한쪽 끝을 적의 배 앞부분에 걸어 놓았다. 다음 날 마르셀루스 장군이 시라쿠사에 항복을 권유하자 아르키메데스는 반대쪽 줄을 잡아당겼다. 그러자 배가 공중으로 치솟아 올랐다.

아르키메데스는 사기를 잃은 로마군에게 마지막 공격을 퍼부었다. 오목거울을 가렸던 천을 걷자 강한 빛이 로마군의 배에 쪼이더니 연기가 나면서 불타오르기 시작했다. 아르키메데스는 오목거울이 태양빛을 한 점에 모아 강한 빛을 만드는 것을 알고 있었다. 이렇게 물리를 이용한 무기로 시라쿠사는 로마 해군을 무찔렀다.

세상에서 가장 쉬운 과학 수업 브라운 운동

하지만 이러한 노력에도 불구하고 시라쿠사는 큰 위기를 맞았다. 마르셀루스 장군은 시라쿠사인으로 위장한 로마 군인들을 시라쿠사로 보내 로마 지지자들을 많이 만들었다. 그들의 꼬임에 넘어간 시라쿠사 사람들은 전쟁이 모두 끝난 것으로 생각하고 신을 모시는 축제를 일삼다가 로마군의 기습 공격에 그만 무너지고 말았다.

당시 아르키메데스는 해안가 모래밭에서 열심히 도형을 그리며 기하학 연구를 하고 있었다. 그때 로마 군인이 그가 그린 그림을 밟았다. 그는 로마 군인에게 "내 원을 밟지 말라"고 소리쳤다. 이에 화가 난 로마 군인은 그 자리에서 아르키메데스를 죽여 버렸다.

아르키메데스가 죽었다는 소식을 들은 로마의 마르셀루스 장군은 매우 슬퍼했다. 그의 수학적, 물리학적 재능을 아꼈기 때문이었다. 마르셀루스 장군은 아르키메데스의 무덤 앞에 묘비를 세우고, 그의 가장 위대한 수학 연구 중 하나인 원기둥 속에 공이 들어 있는 그림을 새겨

주었다.

물리군 아르키메데스의 전기는 영화로 만들어도 대박 날 것 같아요.

정교수 그렇지.

물리군 아르키메데스가 유체에 대해 이룬 업적은 뭐죠?

정교수 이제 그 이야기를 하려고 해.

어느 날 전쟁에서 이기고 궁으로 돌아온 시라쿠사의 히에로 왕은 신에게 감사의 제물을 바치고 싶었다. 그는 순금으로 왕관을 만들기로 결심하고 금관을 제작할 세공업자에게 순금 덩어리를 건네주었다. 그러나 세공업자는 금을 조금 빼돌리고 은을 섞은 금관을 만들어 히에로 왕에게 바쳤다. 히에로 왕은 왕관이 순금으로 만든 것이라고 믿었다. 얼마 후 세공업자가 은을 섞어 금관을 만들었다는 소문이 퍼지자 히에로 왕은 아르키메데스를 불러 금관이 순금인지 아닌지를

세상에서 가장 쉬운 과학 수업 브라운 운동

조사하라고 했다.

며칠 동안 씻지도 않고 이 문제를 고민하던 아르키메데스에게 하인이 목욕을 권유했다. 그는 목욕탕에 가서 물이 가득 찬 탕 속에 들어갔다. 그러자 탕 밖으로 물이 넘쳐흐르기 시작했다. 아르키메데스는 "유레카(발견했다)!"를 외치면서 알몸으로 집까지 뛰어갔다.

아르키메데스는 물이 가득 담긴 통 속에 금관을 넣어보았다. 그러자 물이 밖으로 넘쳐흘렀다. 그는 넘친 물의 부피가 금관의 부피와 같다는 것을 알았다. 이번에는 왕관과 같은 무게의 금과 은을 각각 물에 넣었다. 그러자 은을 넣었을 때 물이 가장 많이 넘쳐흘렀고 다음으로는 금관, 마지막으로 금의 순서로 물이 적게 넘쳤다. 그는 이 실험을 통해 금관이 순금으로 이루어지지 않았음을 밝혀냈다. 만일 금관이 금으로만 만들어졌다면 같은 무게의 금덩어리를 넣었을 때와 같은 부피의 물이 넘쳐흘렀을 것이기 때문이다.

물리군   왜 은을 넣었을 때 물이 더 많이 넘친 거예요?

정교수   은은 금보다 밀도가 작아. 밀도는 질량을 부피로 나눈 값이지.

은의 밀도를 $\rho_{은}$, 금의 밀도를 $\rho_{금}$으로 놓고, 은과 금으로 같은 질량 m인 왕관을 만든다고 하자. 이때 금으로 만든 왕관의 부피와 은으로 만든 왕관의 부피를 각각 $V_{금}$, $V_{은}$이라고 하면

$$m = \rho_{은}V_{은} = \rho_{금}V_{금}$$

이 된다. 한편

$$\rho_{금} > \rho_{은}$$

이므로

$$V_{은} > V_{금}$$

이 되어 은으로 만든 왕관의 부피가 더 크다. 따라서 은으로 같은 질량의 왕관을 만들어 물이 가득 찬 통에 넣으면 물이 더 많이 넘치는 것이다.

물리군   아하! 그렇군요.

세상에서 가장 쉬운 과학 수업 브라운 운동

정교수 아르키메데스는 이 문제를 더욱 파고들었어. 물속에서는 무거운 돌멩이를 쉽게 들 수 있는데 이는 물속에서 물체의 무게가 줄어드는 효과가 생기기 때문이야. 즉, 물속에서는 물체의 무게와 반대 방향인 위쪽으로 작용하는 힘이 있는데 이것을 물체의 부력이라고 부른다네. 아르키메데스가 이 부력을 처음으로 발견했지. 이제 부력에 대해 자세히 설명하겠네.

부력은 유체가 유체 속에 잠긴 물체에 작용하는 힘으로 방향은 ↑이다. 유체 속에서는 깊이에 따라 받는 압력이 달라진다. 예를 들어 그림과 같이 깊이가 h인 곳에 물체가 있는 경우를 생각하자.

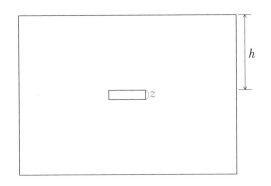

이 물체의 모양은 직육면체이고 밑넓이는 A, 높이는 z라고 하자. 물체의 윗면은 다음 그림과 같은 힘(유체 기둥의 무게)을 받는다.

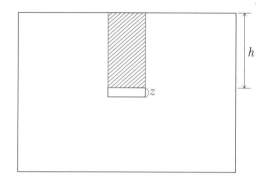

이 힘을 $F_위$라고 하면 이것은 빗금으로 표시한 유체 기둥의 무게이다. 유체의 밀도를 ρ'으로 놓으면 유체 기둥의 질량 m'은

$$m' = \rho'V_1$$

이고

$$F_위 = m'g = \rho'V_1g$$

가 된다. 여기서 V_1은 유체 기둥의 부피로

$$V_1 = hA$$

이다. 그러므로 깊이 h인 곳에서 유체가 물체에 가하는 압력을 p라고 하면

$$p = \frac{F_위}{A} = \rho'hg$$

가 된다. 이제 물체의 아랫면을 생각하자. 물체의 아랫면의 깊이는

$$h + z$$

이므로 물체의 아랫면에 작용하는 압력을 p'이라고 하면

$$p' = \rho'(h + z)g$$

가 된다. 즉, 아랫면에 작용하는 압력이 윗면에 작용하는 압력보다 크므로 이 압력 차이로 인해 위로 향하는 힘을 받는다. 이것이 바로 물체가 받는 부력이다.

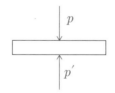

(윗면과 아랫면의 압력 차이) $= p' - p = \rho'zg$

압력에 단면적을 곱하면 힘이 되므로

(부력) $= \rho'gzA$ ↑

이다. zA는 물에 잠긴 물체의 부피이고 이를 V라고 하면

(부력) $= \rho'gV$ ↑

로 쓸 수 있다.

물리군 물에 잠긴 물체에 작용하는 부력은 물체의 부피와 유체의 밀도의 곱에 비례하는군요.
정교수 제대로 이해했군.

파스칼의 원리 _ 한곳에서 모든 곳으로

정교수 지금부터는 프랑스의 수학자이자 물리학자인 파스칼이 다시 등장할 거야. 그의 사후 1663년에 발표된 파스칼의 원리 이야기일세.
물리군 기원전 시대에서 1663년으로 시간이 점프하네요.
정교수 과학의 역사는 항상 그렇다네. 고대 그리스의 이론이 있고 나서 천 년 이상 발전이 없다가 중세 유럽에서 연구가 재개되지. 물론 그 사이에 과학 원리를 발견하지 못한 상태에서 펌프나 사이펀처럼 유체를 이용한 발명품들이 만들어지지만 말이야. 그럼 먼저 유체역학을 본격적으로 시작한, 갈릴레이의 제자 카스텔리부터 알아보세.

카스텔리는 이탈리아의 브레시아에서 태어났다. 그는 파도바 대학에서 공부했고 나중에 몬테카시노에 있는 베네딕트 수도원의 원장이 되었다. 카스텔리는 스승인 갈릴레이의 오랜 친구이자 지지자였으며, 갈릴레이의 아들을 가르치는 선생이기도 했다. 그는 태양의 흑점

세상에서 가장 쉬운 과학 수업 브라운 운동

을 연구하던 갈릴레이를 도왔고 코페르니쿠스의 이론 검토에 참여했다. 후에는 갈릴레이의 후임으로 피사 대학 수학 교수가 되었고, 로마 라사피엔자 대학의 수학 교수로도 일했다.

카스텔리(Benedetto Castelli, 1578~1643, 출처: Wellcome Library, London/Wikimedia Commons)

1628년 카스텔리는《유수량의 측정》을 출판했는데, 여기에서 그는 강과 운하의 유체 운동에 대한 몇 가지 현상을 만족스럽게 설명했다. 하지만 그는 이 책에서 선박에 구멍이 생겼을 때 구멍의 깊이에 비례하는 물의 속도를 잘못 계산했다.

갈릴레이의 또 다른 제자인 토리첼리(Evangelista Torricelli)는 카스텔리의 오류를 바로잡았다. 그는 수조의 벽에 생긴 구멍으로부터 분출하는 물의 속도(유속)가 구멍이 있는 곳의 깊이의 제곱근에 비례한다는 것을 발견했다.

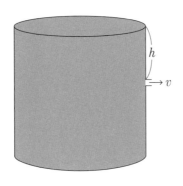

즉, 깊이가 h인 곳에 있는 구멍을 통해 분출하는 물의 유속을 v라고 하면

$$v \propto \sqrt{h}$$

이다. 토리첼리는 유체 속에서 물체가 받는 압력은 동일한 깊이에서는 어느 방향에서나 같다는 것을 알아냈다. 그는 이 내용을 1643년 《무거운 물체의 움직임에 대하여》라는 책에서 자세하게 소개했다.

물리군　유체역학은 갈릴레이의 두 제자로부터 시작되었군요.

정교수　그렇지. 그다음 배턴을 이어 받은 사람이 바로 파스칼이야.

물리군　파스칼은 유체역학에서 어떤 업적을 남겼나요?

정교수　1646년 파스칼은 그 유명한 파스칼의 원리를 발견하지. 그 내용은 다음과 같아.

- 정지해 있는 액체에서 한곳에 생긴 압력 변화는 액체의 모든 곳, 모든 방향으로 전달된다.

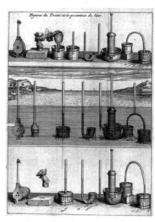

파스칼의 실험 장치

세상에서 가장 쉬운 과학 수업 브라운 운동

파스칼의 원리는 액체의 평형에 관한 논문에 그 내용이 담겨 있다. 하지만 그는 이 논문을 저널에 투고하지 않았고 사후 그의 저작물들을 정리하는 과정에서 발견되었다. 파스칼의 액체의 성질에 대한 연구 내용은 1663년 출간된 책 《액체의 평형에 관한 논문집》에 수록되었다.

《액체의 평형에 관한 논문집》

파스칼의 원리를 간단하게 설명해 보자. 다음 장치를 보라.

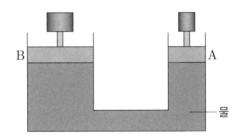

단면 B의 넓이는 단면 A의 넓이보다 크다. 단면 A를 어떤 힘으로 누른다고 하자. 이때 물에 작용하는 압력은 그 힘을 단면 A의 넓이로 나눈 값이다. 그런데 이 압력은 물을 통해 물의 모든 곳에 전달되므로 같은 압력으로 단면 B를 위로 올린다. 그럼 단면 B에 작용하는 압력은 단면 B를 들어 올리는 힘을 단면 B의 넓이로 나눈 값이다. 액체의

압력이 같기 때문에 다음 식이 성립한다.

$$\frac{(\text{단면 A를 누르는 힘})}{(\text{단면 A의 넓이})} = \frac{(\text{단면 B를 들어 올리는 힘})}{(\text{단면 B의 넓이})}$$

여기서 단면 A의 넓이가 단면 B의 넓이보다 작으므로 등식이 성립하려면 단면 A를 누르는 힘이 단면 B를 들어 올리는 힘보다 작아야한다. 즉, 작은 힘으로 큰 힘을 낼 수 있다. 이렇게 파스칼의 원리로부터 액체를 이용하여 작은 힘으로 큰 물체를 들어 올리는 장치를 만들수 있는데 이것을 수압기라고 부른다.

정교수 다음으로 유체역학에 기여한 사람은 뉴턴(Sir Isaac Newton, 1642~1726)이야.

물리군 어떤 기여를 했지요?

정교수 뉴턴은 마찰과 점성[7]이 유체의 흐름을 느리게 만든다는 것을 알아냈지. 즉, 마찰과 점성이 클수록 유속이 감소한다는 사실을 발견했어.

다빈치의 도전 _ 사람도 새처럼 하늘을 날 수는 없을까

정교수 이번에 얘기하려는 것은 하늘을 날고 싶어 했던 다빈치의 아

---

7) 유체의 끈적끈적한 정도. 점성이 클수록 더 끈적하다.

이디어일세.

　다빈치는 이탈리아 피렌체 근처의 빈치 마을에서 태어났다. 그는 어릴 때부터 호기심이 많아 꽃에 앉은 나비가 무엇을 하나 유심히 지켜보기도 했다. 어느 날엔 날아가는 나비를 쫓아가다가 절벽에서 떨어져 죽을 뻔한 적도 있었다고 한다. 다빈치는 왼손잡이였다. 그의 어머니가 억지로 오른손으로 글을 쓰게 하곤 했지만 버릇은 고쳐지지 않았다.

　다빈치가 열다섯 살이 되던 해 어머니가 돌아가시고 그의 가족은 피렌체로 이사했다. 피렌체에는 많은 귀족과 예술가가 살고 있었다. 다빈치는 학교에 다니지 않고 프란체스코 삼촌에게 가르침을 받았다. 그러다가 베로키오의 공방에 들어가 물감을 연구하고 금이나 은을 녹이는 방법과 건축 설계 등을 배웠다.

다빈치(Leonardo da Vinci, 1452~1519)

스승 베로키오 밑에서 6년을 공부한 다빈치는 20세 때인 1472년 성 누가 조합에 가입했다. 성 누가 조합은 약제사, 과학자, 예술가의 모임이었다. 그는 이곳에서 리라(하프와 비슷한 작은 악기)를 연주하는 법을 익혔다.

1482년 밀라노에 사는 루도비코 공이 음악가를 원한다고 해서 다빈치는 그곳으로 가게 되었다. 그는 음악 외에도 재주가 많아 밀라노에서 인기가 있었다. 그 무렵 이탈리아 곳곳에서 전쟁이 벌어졌는데, 발명에 소질이 있던 다빈치는 밀라노를 위해 기관총과 전차도 만들고 다리도 설계해주었다.

다빈치는 사람이 물체를 눈으로 볼 수 있는 이유는 빛의 작용 때문인 것을 발견했다. 즉, 물체에 반사된 빛이 눈으로 들어오는 게 물체를 눈으로 보는 과정임을 알아낸 것이다. 그리고 눈 속에도 작은 렌즈가 들어 있음을 확인했다. 이렇게 눈의 구조를 연구한 다빈치는 두 눈을 통해 물체가 어떻게 입체적으로 보이는지를 밝혀냈다. 이 연구로 그는 먼 곳에 있는 물체는 작게 보이고 가까운 곳에 있는 물체는 크게 보이는 원근법의 원리를 깨달았다. 그 후 그는 그림을 그릴 때 항상 원근법을 이용했다. 원근법을 써서 그린 다빈치의 대표적인 작품이 바로 〈최후의 만찬〉이다.

한편 다빈치는 사람도 새처럼 하늘을 날 수는 없을까 하는 고민에 사로잡혔다. 그리고는 하늘을 나는 기계를 만드는 일에 열중했다. 하지만 인간의 팔 힘으로는 새처럼 계속해서 날개를 움직일 수 없을 거라는 생각이 들었다.

〈최후의 만찬〉

　그러던 어느 날 들판에 누워 하늘을 보는데 매 한 마리가 날고 있는 게 눈에 들어왔다. 매는 날개를 크게 벌린 채 움직이지 않고 오랫동안 하늘을 빙빙 돌았다. 다빈치는 거기서 힌트를 얻어 날개를 고정한 채 공기의 힘으로 하늘을 나는 기계를 발명했다.

　고향인 빈치로 달려간 다빈치는 삼촌과 힘을 합쳐 하늘을 나는 기계를 만들었다. 완성 후 삼촌과 제자인 조로아스트로와 함께 기계를 들고 뒷산으로 올라갔다. 그리고 조로아스트로에게 하늘을 나는 기계를 타고 날아오르게 했다. 조로아스트로는 날자마자 바로 땅으로 추락해 시험비행은 실패로 돌아갔다. 하지만 이것은 인간이 날기 위한 도전의 시작이 되었다.

　다빈치는 수많은 발명을 했다. 회전의 힘으로 육지에서 날아오르는 장치, 공기저항을 이용하여 사람이 천천히 내려오게 하는 장치인 낙하산 등이 그의 발명품이다.

하늘을 나는 기계 설계도

물리군　다빈치는 왜 하늘을 나는 기계를 만드는 데 실패했나요?

정교수　하늘을 날기 위해서는 양력이라는 힘이 필요해. 이것은 물체의 위쪽 방향으로 작용하는 힘이지. 하지만 다빈치는 양력에 대한 이론을 알지 못했다네. 그 이론은 1700년대가 되어서야 나타나니까 말일세.

물리군　그렇군요.

　　　　세상에서 가장 쉬운 과학 수업 브라운 운동

베르누이 원리 _ 비행기가 위로 뜨는 이유

정교수 여기서는 첫 번째 만남에서 살펴본 베르누이 가문이 다시 등장한다네.

다니엘 베르누이(Daniel Bernoulli, 1700~1782)

요한 베르누이는 아들 다니엘에게 의학 공부를 하라고 했다. 다니엘은 아버지로부터 수학을 개인적으로 배우는 조건으로 의대 진학에 동의했다. 다니엘은 바젤 대학, 독일 하이델베르크 대학 등에서 의학을 공부하고 1721년에 해부학과 식물학으로 박사 학위를 받았다.

1738년 다니엘은 유체에 대한 베르누이 법칙이 담긴 책《유체역학(Hydrodynamica)》을 출간했다. 그러자 아버지 요한은 이 책의 내용을 표절해 출간 연도를 조작하여 유체역학에 대한 책을 내면서, 자신이 유체역학의 창시자라고 주장하기도 했다.

《유체역학》

이제 다니엘 베르누이가 발견한 베르누이 원리에 대해 알아보자. 그 내용은 다음과 같다.

• 유체의 밀도가 일정할 때 유체의

속도와 유체가 지나가는 단면적은 서로 반비례한다.

이는 다음 그림과 같이 큰 단면적에서 작은 단면적으로 유체가 지나갈 때 그 속도가 빨라지는 것을 의미한다.

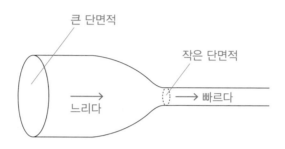

물리군 베르누이 원리는 왜 성립하는 거죠?

정교수 유체의 질량이 보존되기 때문이야.

유체의 밀도를 ρ라 하고, 변하지 않는다고 하자. 다음 그림을 보자.

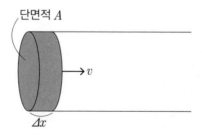

그림처럼 단면적이 A이고 높이가 Δx인 원기둥 모양의 유체 조각

이 속도 v로 오른쪽으로 진행한다고 하자. 이 유체 조각의 질량을 Δm 이라고 하면

$$\Delta m = \rho A \Delta x$$

가 된다. 유체 조각이 움직인 시간을 Δt라고 하면

$$\Delta x = v \Delta t$$

이므로

$$\Delta m = \rho A v \Delta t$$

가 된다. 이번에는 다음 그림처럼 유체 조각이 단면적이 큰 관에서 단면적이 작은 관으로 진행하는 경우를 보자.

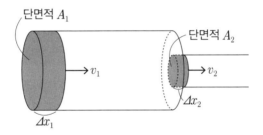

이때 질량이 보존된다고 하면

$$\Delta m = \rho A_1 v_1 \Delta t = \rho A_2 v_2 \Delta t$$

가 성립하므로

$$A_1 v_1 = A_2 v_2$$

이다. 즉, 단면적과 유체의 속도의 곱은 일정하다. 따라서 관이 좁아지면 유체의 속도는 빨라진다.

물리군 수식으로 보니까 더 잘 이해가 되네요.
정교수 그렇지? 이제 베르누이 방정식을 알려줄게.

뉴턴 역학에서 질량 m인 물체에 힘 F가 작용하여 물체가 가속도 a를 가질 때, 이들 사이의 관계는

$$F = ma$$

이다. 힘 F가 물체에 작용해 물체가 Δx만큼 이동했을 때 이 힘이 한 일은

$$W = F \Delta x$$

로 정의한다. 만일 힘이 위치에 따라 변하고 이 힘을 받아 물체가 위치 1에서 2로 이동할 때, 이 힘이 한 일을 구해 보자. 이렇게 변하는 힘이 한 일은 적분으로 정의한다. 위치 1에서 물체의 속도를 v_1, 위치 2에서 물체의 속도를 v_2라고 하면 변하는 힘이 한 일은

세상에서 가장 쉬운 과학 수업 브라운 운동

$$W = \int_1^2 F dx$$

$$= \int_1^2 m \frac{dv}{dt} dx$$

$$= \int_1^2 m \frac{dv}{dt} \frac{dx}{dt} dt$$

$$= \int_1^2 m \frac{dv}{dt} v dt$$

$$= \int_1^2 \frac{d}{dt} \left(\frac{1}{2} mv^2 \right) dt$$

$$= \frac{1}{2} mv_2^2 - \frac{1}{2} mv_1^2$$

이므로 일은 운동에너지의 변화량이 된다. 이제 다음 그림과 같이 유체 조각에 압력이 작용하는 경우를 보자.

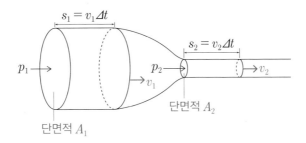

그림과 같이 유체 조각이 단면적이 A_1인 곳에 있을 때를 위치 1, 단

면적이 A_2인 곳에 있을 때를 위치 2로 놓자. 또한 위치 1에서 유체 조각에 작용하는 압력을 p_1, 위치 2에서 유체 조각에 작용하는 압력을 p_2라고 하자. 그러면 압력 p_1이 유체에 작용한 힘은 p_1A_1이고, 압력 p_2가 유체에 작용한 힘은 p_2A_2가 된다.

따라서 위치 1에서 2로 갈 때 유체에 작용한 압력에 의한 힘이 한 일은

$$W = p_1A_1s_1 - p_2A_2s_2$$

이다. 이때

$$A_1s_1 = A_2s_2 = V = (\text{유체 조각의 부피})$$

이므로

$$W = (p_1 - p_2)V$$

가 된다. 이것이 운동에너지의 변화량이어야 하므로

$$W = (p_1 - p_2)V = \frac{1}{2}mv_2^2 - \frac{1}{2}mv_1^2$$

이 되어,

$$p_1V + \frac{1}{2}mv_1^2 = p_2V + \frac{1}{2}mv_2^2$$

이다. 질량을 부피로 나누면 유체의 밀도 ρ가 되므로 위 식은

$$p_1 + \frac{1}{2}\rho v_1^2 = p_2 + \frac{1}{2}\rho v_2^2$$

이 된다. 즉, 다음 관계를 얻는다.

$$p + \frac{1}{2}\rho v^2 = (일정) \qquad (2\text{-}4\text{-}1)$$

이것을 베르누이 방정식이라고 부른다.

물리군 비행기의 날개가 베르누이 방정식과 관계있나요?

정교수 물론이야. 식 (2-4-1)을 보게. 속도가 커지면 압력이 줄어드는 것을 알 수 있지? 다음 그림과 같은 날개를 생각해 보세.

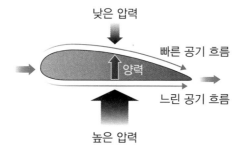

공기가 날개를 지날 때 평평한 아래쪽보다 휘어진 위쪽을 지나는 공기의 속도가 빠르다. 위로 지나가는 공기는 아래로 지나가는 공기보다 같은 시간 동안 더 긴 거리를 움직이기 때문이다. 따라서 베르누이 방정식으로부터 날개 위쪽의 압력은 낮고 날개 아래쪽의 압력은 높다. 그러니까 날개는 아래에서 위로 향하는 힘을 받는다. 이 힘을

양력이라고 한다. 양력 때문에 비행기가 위로 뜰 수 있는 것이다.

양력을 이용해 최초로 글라이더를 발명한 사람은 영국의 케일리 (Sir George Cayley, 1773~1857)다. 1799년 그는 스스로 동력을 만들지는 않지만 하늘을 날 수 있는 글라이더를 만드는 데 성공했다.

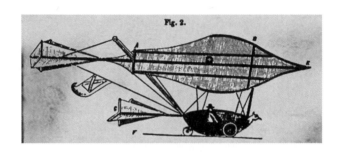

케일리의 글라이더는 베르누이 방정식에 따라 날개가 양력을 받을 수 있도록 설계되었다.

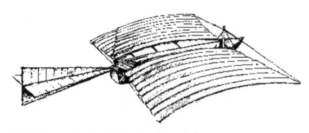

(출처: George Cayley/Wikimedia Commons)

글라이더에 엔진을 단 것을 비행기로 보기 때문에 케일리의 글라이더는 비행기의 발명으로는 기록되지 않는다. 케일리는 글라이더에

세상에서 가장 쉬운 과학 수업 브라운 운동

사용할 수 있는 작고 가벼우면서도 큰 힘을 내는 엔진 제작에 몰두했지만 결국 실패로 돌아가 엔진 없는 글라이더 개발에만 주력했다.

최초로 인간을 태운 비행에 성공한 것은 미국의 라이트 형제이다. 1903년 12월 17일 목요일 아침 라이트 형제는 다섯 사람의 도움을 받아 무게 270킬로그램의 비행기를 창고에서 꺼냈다. 그리고 노스캐롤라이나주 키티호크 마을 근처의 높이 30m인 킬데블 언덕 위로 옮겼다. 이 비행기는 나무로 만든 골조에 천으로 제작한 날개를 달았고 날개 길이는 12미터였다. 언덕 위에는 윤활유를 친 레일이 18미터 설치되어 있었다.

계획은 이러했다. 비행기를 바퀴 달린 수레에 실어 레일 위에 놓은 후 비행기의 엔진을 발동시키면 프로펠러가 일으키는 추진력으로 비행기를 실은 수레가 레일 위를 달리도록 한다. 이륙속도가 되면 비행기는 수레를 레일 위에 남겨둔 채 뜨고, 날개 밑에 붙여놓은 스키처럼 생긴 장치를 발판으로 착륙하게 하려는 것이었다.

오전 10시 30분 네 살 터울의 동생 오빌 라이트가 아래쪽 날개에 부착해 놓은 소쿠리처럼 생긴 조종석에 엎드렸다. 그는 몸의 위치를 옮김으로써 비행 방향을 조정하고 양손으로는 엔진 조절판과 승강타를 조작할 수 있었다. 4기통 12마력의 엔진이 작동하자 형 윌버 라이트는 옆에 서서 날개를 안정시키려고 오른쪽 날개 끝을 지그시 누르고 있었다. 10시 35분 오빌이 비행기를 묶어두었던 끈을 풀자 점점 속도가 빨라졌다. 오빌은 승강타를 잡아당겼고 플라이어호는 12초 동안 고도 3미터의 높이로 36미터 거리를 날았다.

　이날 오빌의 뒤를 이어 비행한 윌버는 59초 동안 255미터를 날았다. 드디어 공기보다 무거운 비행기를 타고 인간의 뜻대로 조종하는 것이 가능함을 증명해 보인 대사건이었다.

오일러와 유체의 연속방정식 _ 편미분의 이해

정교수　지금부터 우리는 1757년 스위스의 수학자이자 물리학자인 오일러가 발견한 유체의 연속방정식에 대해 알아볼 거야. 오일러는 다니엘 베르누이와 절친한 사이기도 하지. 연속방정식을 이해하려면 우선 편미분을 알아야 하네.

물리군　편미분은 처음 들어 보는 말인데요.

정교수   미분은 무엇인지 알고 있지?

물리군   함수 $y = f(x)$의 미분은

$$\frac{dy}{dx} = \lim_{\Delta x \to 0} \frac{f(x + \Delta x) - f(x)}{\Delta x}$$

로 정의하죠.

정교수   함수 $y = f(x)$에서 변수는 x 하나야. 이런 함수를 수학자들은 일변수함수라고 부른다네.

물리군   변수가 2개인 함수도 있어요?

정교수   물론이야. 그것을 이변수함수라고 불러. 변수가 3개면 삼변수함수, 이런 식으로 부르지. 편미분은 이변수함수, 삼변수함수 등과 같이 변수의 개수가 2개 이상인 함수에 대해 정의해. 먼저 간단하게 이변수함수를 살펴보겠네. 이변수함수는

$$z = f(x, y)$$

와 같이 나타내. 이때 변수는 x와 y야.

물리군   일변수함수 $y = f(x)$는 그래프가 곡선으로 그려지잖아요? 이변수함수의 그래프는 어떻게 생겼죠?

정교수   이변수함수 $z = f(x, y)$의 그래프는 곡면으로 나타나. 예를 들어 이변수함수

$$z = 3x^2 + 7xy - 4y^2 + 3x - 9y$$

의 그래프는 다음과 같아.

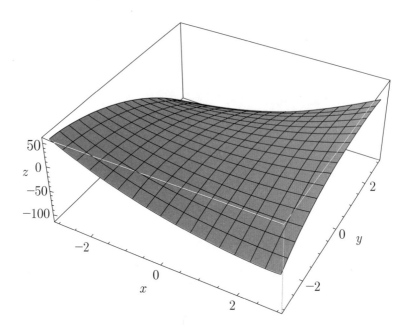

물리군   예쁜 곡면이 만들어지는군요.

정교수   이변수함수는 변수가 두 개이기 때문에 편미분이라는 양이
필요해. 이변수함수에서 x에 대한 미분을 x에 대한 편미분, y에 대한
미분을 y에 대한 편미분이라고 부르지. 이변수함수 $z = f(x, y)$의 x에
대한 편미분을 미분 기호와 비슷하게

$$\frac{\partial z}{\partial x} = \frac{\partial f}{\partial x}$$

라고 쓰는데 다음과 같이 정의하네.

$$\frac{\partial z}{\partial x} = \frac{\partial f}{\partial x} = \lim_{h \to 0} \frac{f(x+h, y) - f(x, y)}{h}$$

세상에서 가장 쉬운 과학 수업 브라운 운동

물리군   분자를 보면 y는 그대로이고 x쪽만 달라지네요.

정교수   맞아. x만 문자로 취급한 미분으로 생각하면 돼. 마찬가지로 y에 대한 편미분을 미분 기호와 비슷하게

$$\frac{\partial z}{\partial y} = \frac{\partial f}{\partial y}$$

라고 쓰는데 다음과 같이 정의하지.

$$\frac{\partial z}{\partial y} = \frac{\partial f}{\partial y} = \lim_{k \to 0} \frac{f(x, y+k) - f(x, y)}{k}$$

물리군   분자를 보면 x는 그대로이고 y쪽만 달라지는군요.

정교수   그렇지. 이번엔 y만 문자로 취급한 미분으로 볼 수 있어.

이제 오일러의 연속방정식을 알아보자. 유체가 다음 그림과 같이 단면적이 A인 관을 통과하는 경우를 생각하자. 여기서 관의 길이는 Δx이고 A는 아주 작다고 하자.

유체는 공통의 알갱이로 이루어져 있다고 생각하자.[8] 이 알갱이를 유체 입자라 하고, 다음 그림과 같이 좌표를 도입하겠다.

---

[8] 오일러의 시대에는 아직 분자 개념이 없었다.

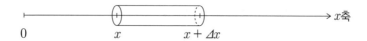

시각 t일 때 x에 있는 단면을 지나가는 유체에 대하여 단위시간당 단위면적을 통과하는 유체 입자 수를 물리학자들은 플럭스(flux)라 하고 $J(x, t)$로 쓴다.

$$J(x, t) = \frac{(\text{통과 입자 수})}{(\text{단면적}) \times (\text{시간})}$$ (2-5-1)

만일 관 속에서 입자 수의 변화가 생기지 않으면

$$J(x, t) = J(x + \Delta x, t)$$

또는

$$J(x + \Delta x, t) - J(x, t) = 0$$

이 된다. 따라서 Δx를 0으로 보내는 극한을 취하면

$$\frac{\partial J}{\partial x} = \lim_{\Delta x \to 0} \frac{J(x + \Delta x, t) - J(x, t)}{\Delta x} = 0$$

이다. 이제 관 속에서 입자 수의 변화가 나타나는 경우를 보자. 물론 이 경우는

$$J(x, t) \neq J(x + \Delta x, t)$$

　　　　세상에서 가장 쉬운 과학 수업 브라운 운동

이다. 이때 관으로 들어오는 유체 입자 수와 관 밖으로 나가는 입자 수는 다르다. 그러므로 관 속에서 유체 입자가 생겨나거나 사라져야 한다.

관 속에서 위치 x, 시각 t일 때의 입자 수를 $N(x, t)$라고 하자. 아주 짧은 시간 Δt 동안 관을 지나가는 입자 수의 변화량과 관 속에서 생겨 나거나 사라지는 입자 수의 변화량의 합이 0이 되어야 한다. 즉,

(Δt 동안 관을 지나가는 입자 수의 변화량)
$$= A \Delta t \left[J(x + \Delta x, t) - J(x, t) \right]$$

이고,

(Δt 동안 관 속에서 생겨나거나 사라지는 입자 수의 변화량)
$$= N(x, t + \Delta t) - N(x, t)$$

이므로

$$A \Delta t \left[J(x + \Delta x, t) - J(x, t) \right] + N(x, t + \Delta t) - N(x, t) = 0$$

이 유체의 연속 조건이다. 이 식의 양변을 $A \Delta t \Delta x$로 나누면

$$\frac{J(x + \Delta x, t) - J(x, t)}{\Delta x} + \frac{N(x, t + \Delta t) - N(x, t)}{A \Delta x \Delta t} = 0 \qquad \text{(2-5-2)}$$

이 된다. 이때 $A \Delta x = V$(관의 부피)이다.

이제 입자 수의 밀도 $\rho(x, t)$를

$$\rho(x, t) = \frac{N(x, t)}{V}$$

로 정의하면 식 (2-5-2)는

$$\frac{J(x + \Delta x, t) - J(x, t)}{\Delta x} + \frac{\rho(x, t + \Delta t) - \rho(x, t)}{\Delta t} = 0 \qquad (2\text{-}5\text{-}3)$$

이 된다. 여기서 Δx, Δt를 각각 0으로 보내는 극한을 취하면

$$\frac{\partial J}{\partial x} + \frac{\partial \rho}{\partial t} = 0 \qquad (2\text{-}5\text{-}4)$$

이다. 이것을 오일러의 연속방정식이라고 부른다.

작은 입자의 운동에 대한 기록 _최초의 과학 시

정교수 작은 입자들의 운동은 기원전 60년경 로마제국의 과학 시인 루크레티우스가 처음 묘사했다네.

루크레티우스의 삶에 대해 남은 자료는 거의 없다. 로마제국의 역사가 제롬(Jerome, 342?~420)의 기록에 따르면 루크레티우스는 아마도 귀족 출신으

루크레티우스(Titus Lucretius Carus, B.C.99~B.C.55)

로 로마의 부유한 가문처럼 가족이 소유한 시골 영지에 거주하며 라틴어, 그리스어, 문학 및 철학에 숙달했을 것으로 생각된다.

그의 과학 시 〈사물의 본성에 대하여〉(기원전 60년경)에는 먼지 입자의 움직임을 묘사한 놀라운 구절이 있다. 그는 이것을 원자[9]의 존재에 대한 증거로 사용했다.

"햇빛이 건물 안으로 들어와 그늘진 곳에 빛을 비출 때 어떤 일이 일어나는지 관찰하십시오. 당신은 수많은 작은 입자들이 다양한 방식으로 섞이는 것을 보게 될 겁니다. 작은 입자들의 춤은 우리 시야에서 숨겨진 물질의 근본적인 움직임을 실제로 드러냅니다. 작은 입자들의 움직임은 스스로 움직이는 원자에서 비롯됩니다."

– 루크레티우스

물리군 루크레티우스는 최초의 과학 시인이군요.

정교수 전해지는 내용에 의하면 그렇지.

루크레티우스 이후에 작은 입자들의 운동에 대해서는 18세기 말까지 어떠한 기록도 알려진 바가 없다. 1785년이 되어서야 네덜란드의 화학자 잉엔하우스(Jan Ingenhousz, 1730~1799)가 알코올 속의 석탄가루가 불규칙적인 운동을 한다는 것을 처음으로 발견했다.[10]

---

9) 여기서 원자는 고대 그리스의 데모크리토스가 주장한 '더 이상 쪼갤 수 없는 가장 작은 입자'라는 뜻이다.

10) 브라운 운동의 첫 발견자를 잉엔하우스로 생각하는 과학사가들도 있다.

브라운 운동의 발견 _ 미세 입자의 불규칙적인 움직임

정교수   용액 속에서 일어나는 미세 입자의 불규칙적인 운동은 영국
스코틀랜드의 과학자 브라운이 발견했다네. 그의 삶과 연구에 대해
살펴보기로 하세.

브라운(Robert Brown, 1773~1858)

　브라운은 1773년 12월 21일 스코틀랜드 몬트로즈에서 태어났다.
그는 몬트로즈의 문법학교를 졸업하고 애버딘에 있는 매리셜 대학교
에 다니다가 1790년에 가족이 에든버러로 이사하면서 자퇴했다. 그
의 아버지는 이듬해 말에 사망했다.
　의학을 공부하기 위해 에든버러 대학에 등록한 브라운은 식물학에
더 마음이 끌렸다. 그는 대학 시절 스코틀랜드 고원으로 식물 탐험을
다니고, 수집한 식물을 상세하게 기록했다. 또한 당대 최고의 영국 식
물학자 중 한 명인 윌리엄 위더링(William Withering)과 연락하며

식물학에 대한 관심을 키워나갔다. 19세 때인 1792년 1월, 브라운은 자신의 첫 논문인 〈앵거스의 식물 역사〉를 에든버러 자연사학회에 투고했지만 학회지에 게재되지는 못했다.

1793년에 의학 과정을 중퇴한 브라운은 이듬해 말 군에 입대했다. 그가 속한 연대는 곧 아일랜드에 배치되었다. 연대의 활동이 거의 없었기에 그는 여가를 활용해 식물학 공부를 할 수 있었다. 이 기간 동안 브라운은 민꽃식물(꽃이 피지 않는 식물)에 관심을 가졌고, 식물학자 딕슨(James Dickson, 1738~1822)과 서신을 주고받으며 이끼에 대한 자신의 연구 내용을 보냈다.

1800년 브라운은 아일랜드에서 식물학자로 자리매김하면서 현미경 실험을 시작했다. 그해 그는 호주[11] 탐사 원정대의 박물학자로 임명되었다. 브라운은 호주 식물 표본을 연구하고 항해에 참고할 문서 준비에 많은 시간을 보냈다.

그의 임무는 모든 종류의 과학 표본을 수집하는 것이었지만 주된 것은 지질학 외의 식물, 곤충, 새에 우선순위를 둔 연구였다. 그가 속한 과학 팀에는 유명한 식물 삽화가 바우어(Ferdinand Bauer), 정원사 굿(Peter Good) 등이 있었다.

탐험대는 1800년 7월 18일 런던에서 출항해 10월 16일 희망봉에 도착해 2주 정도 머물렀다. 그동안 브라운은 광범위하게 식물 탐험을 했다. 탐험대는 1801년 12월 현재 호주 서부에 있는 킹조지사운드에

---

11) 당시 이름은 New Holland이다.

다다랐다. 3년 반 동안 브라운은 호주에서 집중적으로 식물 연구를 수행하여 약 3400종의 식물을 조사했고, 그중 2000종은 이전에 알려지지 않은 것들이었다.

브라운은 1805년 5월까지 호주에 머물렀다. 그런 다음 영국으로 돌아와 수집한 자료를 정리하는 데 5년을 보냈다. 1810년 그는 수많은 식물 종에 대한 연구 결과를 발표했다.

1827년 브라운은 현미경으로 물에 떠 있는 클라키아 풀켈라(Clarkia pulchella)의 꽃가루 알갱이를 관찰하면서 현재는 아밀로플라스트(전분 소기관)[12]와 스페로솜(지질 소기관)[13]으로 알려진 미세 입자가 꽃가루 알갱이에서 분출하는 것을 확인했다. 그는 이 미세 입자가 끊임없이 불규칙적으로 운동하는 것을 처음 관찰했는데 이것을 브라운 운동이라고 부른다.

물리군   미세 입자가 브라운 운동을 하는 이유는 무엇인가요?

정교수   처음에 식물학자들은 브라운 운동이 식물의 수꽃 생식세포의 운동이라고 생각했다네. 하지만 죽은 지 수백 년이 지난 나무에서 채집된 꽃가루도 브라운 운동을 하는 것이 알려지자 그러한 주장은 사라졌어. 브라운은 미세한 유리 조각도 꽃가루처럼 브라운 운동을 한다는 것을 실험에서 발견했어. 이 문제는 더 이상 생물학자들만의

---

12) 뿌리와 저장 조직에서 발견되며 포도당의 중합을 통해 식물의 전분을 저장하고 합성하는 역할을 하는 세포 소기관이다.

13) 지질의 저장 및 합성에 참여하는 단일 막으로 둘러싸인 세포 소기관이다.

세상에서 가장 쉬운 과학 수업 브라운 운동

주제가 아니라 물리학자들의 연구 대상이 되었지. 브라운 운동에 대한 완벽한 이론은 1905년 아인슈타인이 발표하네. 이 내용은 네 번째 만남에서 이야기할 거야.

물리군　아인슈타인이 또 등장하네요.

정교수　그가 물리 역사에 끼친 영향은 상대성이론뿐만이 아니야. 이번 책의 주인공 역시 아인슈타인이거든.

물리군　그렇군요.

그레이엄의 법칙 _ 기체의 확산 속도와 분자량의 관계

정교수　아인슈타인의 브라운 운동 논문을 이해하려면 먼저 확산에 대해 알 필요가 있네. 향수병 뚜껑을 열면 방 안에 향기가 퍼지지? 액체인 향수가 증발해 기체 분자가 되어 방 전체로 확산하기 때문이야. 확산은 영어로 diffusion이라고 하는데 '퍼지다'라는 뜻의 라틴어 diffundere에서 유래했어. 확산은 온도가 높을수록 더 잘 일어나지. 겨울에 난방을 한 실내에서 롱부츠를 벗었을 때 냄새가 방에 퍼지는 것도 확산의 예일세.

물리군　확산은 기체 속에서만 일어나나요?

정교수　액체 속에서도 확산이 일어나네. 물에 검은색 잉크 한 방울을 떨어뜨리면 확산에 의해 물 전체가 검은빛을 띠게 되지.

(출처: BruceBlaus/Wikimedia Commons)

물리군 확산은 왜 일어나죠?

정교수 농도 차이 때문이야. 기체 향수 분자는 농도가 높은 곳에서 낮은 곳으로 이동하려는 성질이 있어. 이러한 현상은 모든 방향으로 고르게 일어나지. 그래서 시간이 흐르면 모든 곳에 향수 분자들이 퍼져서 어디서나 향기를 맡을 수 있다네.

물리군 확산 이론은 누가 처음 만들었나요?

정교수 스코틀랜드의 화학자 그레이엄이야. 어떤 인물이었는지 잠깐 소개하겠네.

그레이엄(Thomas Graham, 1805~1869)

세상에서 가장 쉬운 과학 수업 브라운 운동

그레이엄은 스코틀랜드 글래스고에서 태어났다. 그의 아버지는 섬유 제조업자였다. 그는 아들이 성직자가 되기를 원했지만 그레이엄은 1819년에 글래스고 대학에 입학해 화학을 공부했다. 1824년에 석사 학위를 받은 후 에든버러 대학교에서 의학을 공부한 그레이엄은 글래스고 대학교 포틀랜드 스트리트 의과대학에서 잠시 화학을 가르쳤다. 1828년에는 에든버러 왕립 학회의 명예 연구원으로 선출되었다.

1830년에 그레이엄은 앤더슨 의과대학의 첫 번째 화학 교수로 임명되었고, 1841년에는 런던 대학교의 교수가 되었다. 1866년 그는 스웨덴 왕립 과학 아카데미의 외국인 회원으로 선출되었다. 그레이엄은 1855년부터 사망할 때까지 조폐국장으로 일했다. 그는 물리화학의 창시자 중 한 명으로 '투석'이라는 의학적 방법을 발견했다.

물리군 그레이엄은 확산에 대해 어떤 사실을 알아냈나요?

정교수 1833년 그레이엄은 기체의 확산 속도와 기체 분자의 분자량(기체 분자의 질량) 사이의 관계를 알아냈어. 그는 기체의 확산 속도가 기체 분자의 분자량의 제곱근에 반비례한다는 것을 발견했지.

$$(\text{기체의 확산 속도}) \propto \frac{1}{\sqrt{\text{기체 분자의 분자량}}}$$

이를 그레이엄의 법칙이라고 부른다네. 이 법칙에 따르면 기체 분자가 가벼울수록 확산 속도가 빠르지. 즉, 가벼운 기체 분자는 빠르게 확산하고 무거운 기체 분자는 느리게 확산한다는 거야.

스토크스의 법칙 _ 공 모양의 입자가 유체 속에서 받는 저항력

정교수　1851년에 공 모양의 입자가 유체 속에서 받는 저항력에 대한 공식이 발표되었어. 이 이론을 만든 물리학자는 아일랜드의 스토크스야.

스토크스(Sir George Gabriel Stokes, 1819~1903)

스토크스는 아일랜드 교회 목사의 아들로 태어났다. 그의 가정환경은 복음주의 개신교로부터 강한 영향을 받았다. 어머니는 가족들 사이에서 아름답지만 매우 엄격한 분으로 기억되었다.

1837년 스토크스는 영국 케임브리지의 펨브로크 칼리지에 입학했다. 4년 후 대학을 졸업한 그는 대학의 펠로로 선출되었다. 23세 때인 1842년에는 유체역학에 관한 첫 논문을 발표했다. 논문 주제는 〈비압축성 유체의 정상 운동에 대한 연구〉였다.

물리군　비압축성 유체가 무슨 뜻이에요?

정교수 압력이나 유속이 변하더라도 부피가 달라지지 않는 유체를 말하네.

물리군 그럼 정상 운동은요?

정교수 시간에 따라 밀도가 변하지 않는 유체의 운동을 뜻하지.

스토크스는 1843년 여러 가지 유체 운동을 다루는 논문을 발표했다. 그 후 1845년에는 유체 속에서 움직이는 입자가 받는 저항력을 연구했다. 이 연구에서 그는 미세 입자를 공 모양으로 가정하고, 공 모양의 미세 입자가 유체 속에서 받는 저항력에 대한 공식을 찾아냈다.

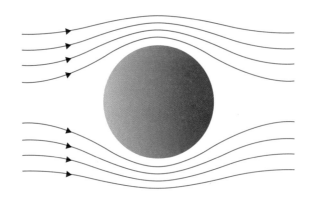

스토크스는 점성계수[14]가 η인 유체에서 반지름이 R인 공 모양의 미세 입자가 유체에 작용하는 힘 F는

---

14) 유체가 끈적할수록 점성계수가 크다.

$$F = 6\pi\eta Rv \qquad\qquad (2\text{-}9\text{-}1)$$

로 주어진다는 것을 알아냈다. 여기서 v는 유체의 속도(유속)를 나타낸다. 이 힘은 공 모양의 미세 입자가 유체에 작용하는 힘이다. 뉴턴의 작용 반작용 법칙에 따라 공 모양의 미세 입자가 유체 속에서 받는 힘은 F와 크기가 같고 방향이 반대이다. 즉,

(공 모양의 미세 입자가 유체 속에서 받는 힘) $= -F = -6\pi\eta Rv$

$$(2\text{-}9\text{-}2)$$

로 주어진다.

피크의 확산 방정식 _ 농도 차이에 의해 일어나는 확산

정교수 이번에는 확산 방정식을 만든 피크의 이야기를 하겠네.

피크(Adolf Eugen Fick, 1829~1901)

세상에서 가장 쉬운 과학 수업 브라운 운동

피크는 독일 카셀에서 아홉 남매 중 막내로 태어났다. 토목 기사인 그의 아버지는 건축 감독관으로 일했다. 중등학교 시절 피크는 프랑스 수학자인 푸아송과 푸리에의 책을 공부했다. 그는 마르부르크 대학교에 입학해 수학을 전공하려고 했으나 선배의 권유로 의학과에 다니게 되었다. 그 후 〈난시로 인한 시각적 오류〉라는 논문으로 박사 학위를 받았고, 1852년부터 1868년까지 스위스 취리히 대학교 해부학 및 생리학 교수인 루드비히(Carl Ludwig) 교수의 조교로 지냈다. 취리히에서 16년을 보낸 피크는 독일 뷔르츠부르크 대학의 생리학과 교수가 되었다.

피크는 확산 현상에 대한 방정식을 만들고 싶었다. 그는 확산이 농도 차이에 의해 일어난다는 점이 방정식을 만드는 데 중요한 역할을 할 것으로 생각했다.

간단한 모델을 찾기 위해 다음 그림과 같이 단면적이 A인 아주 작은 관을 통한 확산을 상상해 보았다.

단면적이 너무 작으므로 확산하는 입자의 운동을 일차원적으로 생각할 수 있다. 다음과 같이 좌표를 도입하자.

이제 우리는 x와 $x + \varDelta x$에서의 확산 입자의 농도를 고려할 것이다. 시각이 t이고 위치가 x일 때 확산 입자의 농도를 $f(x, t)$라고 하자. 피크는 같은 시각 t에서 위치가 x일 때와 $x + \varDelta x$일 때 확산 입자의 농도 차이가 확산 현상을 일으킨다고 생각했다.

확산이 오른쪽 방향으로 이루어진다면 x의 값이 작을수록 확산 입자의 농도가 더 커진다. 그러므로 두 지점에서 농도 차는 다음과 같다.

$$\text{(농도 차)} = f(x, t) - f(x + \varDelta x, t)$$

이제 단위시간 동안 단위넓이를 지나가는 확산 입자의 수를 J라고 하자. 앞에서 언급했듯이 물리학에서는 이 양을 플럭스라고 한다. 피크는 농도 차가 커지면 확산이 더 잘 일어나므로 플럭스가 농도 차에 비례한다고 생각했다. 즉,

$$J \propto \text{(농도 차)}$$

또는

$$J \propto f(x, t) - f(x + \varDelta x, t)$$

와 같이 쓸 수 있다. 피크는 이 비례식을 다음과 같이 놓았다.

$$J = D\left(\frac{f(x, t) - f(x + \varDelta x, t)}{\varDelta x} \right) \tag{2-10-1}$$

이때 D를 확산 계수라고 부른다. 피크는 $\varDelta x$가 0으로 가는 극한을

세상에서 가장 쉬운 과학 수업 브라운 운동

사용했다. 편미분의 정의

$$\lim_{\Delta x \to 0} \frac{f(x+\Delta x, t) - f(x,t)}{\Delta x} = \frac{\partial f}{\partial x}$$

로부터 피크의 법칙 (2-10-1)은

$$J = -D \frac{\partial f}{\partial x} \qquad\qquad (2\text{-}10\text{-}2)$$

가 된다. 피크는 여기서 플럭스와 농도에 관한 오일러의 연속방정식

$$\frac{\partial f}{\partial t} + \frac{\partial J}{\partial x} = 0$$

을 사용했다. 이 식은

$$\frac{\partial J}{\partial x} = -\frac{\partial f}{\partial t} \qquad\qquad (2\text{-}10\text{-}3)$$

로 바꿔 쓸 수 있다. 식 (2-10-3)을 식 (2-10-2)에 넣으면

$$\frac{\partial f}{\partial t} = D \frac{\partial^2 f}{\partial x^2}$$

이 된다. 여기서 $\frac{\partial^2 f}{\partial x^2}$ 은 f 를 x 로 두 번 편미분한 것을 뜻한다. 이 방정식을 확산 방정식이라고 부른다.

맥스웰의 기체 분자 운동론 _ 이상기체의 운동

정교수　지금부터는 맥스웰의 기체 분자 운동론을 다룰 거야.

물리군　맥스웰은 전기와 자기에 대한 방정식을 만든 사람이죠?

정교수　맞아. 맥스웰이 전기와 자기에 관한 연구 외에 가장 관심을 둔 분야는 열역학이었어. 그 연구를 자세히 살펴보세.

　기체 분자는 끊임없이 움직이며 온도가 높을수록 더욱 활발하게 운동한다. 그러므로 기체의 온도와 운동에너지는 어떤 관련이 있다고 볼 수 있다. 좀 더 구체적으로 생각해 보자.

　기체는 많은 분자로 이루어져 있다. 분자 사이의 힘은 고려하지 않고 분자들이 운동에너지만을 가진다고 가정할 때 이런 기체를 이상기체라고 부른다. 이상기체란 이상적인 기체라는 뜻이다.

　한 변의 길이가 L인 정육면체 상자 속에서 질량이 m인 기체 분자 한 개가 운동하는 경우를 생각하자. 다음은 상자의 단면을 그린 것이다.

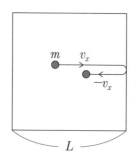

분자가 속도 v_x로 한쪽 벽을 향해 날아가 벽과 충돌 후 방향을 바꾸어 속도가 $-v_x$가 되었다고 하자. 즉, 벽과 탄성충돌 할 때 분자의 운동량의 변화량은

$$-mv_x - (mv_x) = -2mv_x$$

가 된다. 따라서 충돌에 걸린 시간을 Δt 라고 하면 분자가 받는 힘(벽이 분자에 작용한 힘)은

$$-\frac{2mv_x}{\Delta t}$$

이다. 벽이 받는 힘(분자가 벽에 작용한 힘)은 작용 반작용 법칙에 따라

$$\frac{2mv_x}{\Delta t}$$

가 된다. 분자가 한쪽 벽에서 출발해 벽과 충돌 후 원래 위치로 돌아올 때 이동한 거리는

$$2L = v_x \, \Delta t$$

이므로

$$\Delta t = \frac{2L}{v_x}$$

이다. 따라서 벽이 받는 힘은

$$F = \frac{mv_x^2}{L}$$

이 된다. 상자 속에 기체 분자 N개가 있고 이 기체가 이상기체라고 하자. 이때 분자들은 서로 충돌하기 때문에 분자 각각의 속도를 아는 것은 불가능하다. 하지만 분자 수가 많으므로 통계적으로 속도의 평균(기댓값)을 고려할 수 있다. 분자의 속도의 평균을 $<v>$라고 하면 N개의 분자가 벽에 작용하는 힘은

$$F = N\frac{m<v_x^2>}{L}$$

이 된다. 벽의 넓이는 L^2이므로 벽이 받는 압력 p는

$$p = \frac{F}{L^2} = N\frac{m<v_x^2>}{L^3} = N\frac{m<v_x^2>}{V}$$

이다. 여기서 V는 기체가 들어 있는 정육면체 상자의 부피이다. 지금 우리는 기체 분자가 벽과 수직인 방향으로만 움직이는 경우를 고려했다. 하지만 실제 기체 분자의 속도는 x, y, z 세 방향의 성분을 가지므로 기체 분자의 속력의 제곱은

$$v^2 = v_x^2 + v_y^2 + v_z^2$$

이다. 이것의 평균은

$$<v^2> = <v_x^2> + <v_y^2> + <v_z^2>$$

이고, 각 방향의 속력의 평균은 같다고 가정하면

$$< v_x^2 > = \frac{1}{3} < v^2 >$$

이 된다. 따라서

$$pV = \frac{1}{3}Nm < v^2 > = \frac{2}{3}N < \frac{1}{2}mv^2 > \tag{2-11-1}$$

이다. 여기서 $\frac{1}{2}mv^2$은 운동에너지이므로 $< \frac{1}{2}mv^2 >$은 운동에너지의 평균이다. 즉, 다음 관계를 얻는다.

$$pV = \frac{2}{3}N \times (운동에너지의 평균)$$

판트호프의 삼투압 이론 _ 초대 노벨 화학상 수상자

정교수   아인슈타인의 브라운 운동 이론 확립에 큰 역할을 한 사람은 초대 노벨 화학상 수상자인 판트호프였어. 그의 삼투압 이론에 대해 알아보세.

판트호프는 1852년 8월 30일 네덜란드 로테르담에서 태어나 의사인 아버지 밑에서 자랐다. 그는 어려서부터 과학과 자연에 관심이 많아 식물을 관찰하

판트호프(Jacobus Henricus van't Hoff, 1852~1911, 1901년 노벨 화학상 수상)

기 위한 탐방도 자주 다녔다. 학창 시절에는 시와 철학에 매료되어 시인 바이런을 자신의 우상으로 여겼다.

아버지의 희망과는 달리 판트호프는 화학을 공부하기로 결정했다. 그는 1869년 9월 델프트 공과대학에 입학하여 1871년 화학 기술사 학위를 취득했다. 그 후 레이던 대학에 들어가 화학을 좀 더 공부했다. 1874년에는 위트레흐트 대학교의 에뒤아르트 뮐더르 밑에서 박사 학위를 받았다. 그리고 1878년에 요하나 프란시나 메이스와 결혼했다. 그들은 두 딸과 두 아들을 낳았다.

1884년 판트호프는 〈화학 동역학에 대한 연구〉라는 제목의 논문을 발표했다. 여기서 그는 그래픽을 사용하여 반응 순서를 결정하는 새로운 방법을 설명하고 열역학 법칙을 적용했다. 또한 화학적 친화력이라는 현대적 개념을 도입했다. 1886년에는 묽은 용액과 기체의 거동 사이의 유사성을 밝혀냈다. 1887년 그와 독일 화학자 오스트발트(Wilhelm Ostwald)는 《물리화학저널(Zeitschrift fürphysikalische Chemie)》이라는 영향력 있는 과학 잡지를 창간했다. 또한 판트호프는 전해질 해리 이론을 연구했다.

그는 위트레흐트 수의과 대학에서 화학 및 물리학을 가르쳤고 이후 약 18년 동안 암스테르담 대학에서 화학, 광물학 및 지질학 교수로 재직했다. 1896년에는 독일로 건너가 베를린에 있는 프로이센 과학 아카데미의 교수가 되었고, 1911년에 베를린 대학교에서 경력을 마쳤다.

1901년에 판트호프는 용액에 대한 연구로 제1회 노벨 화학상을 받

세상에서 가장 쉬운 과학 수업 브라운 운동

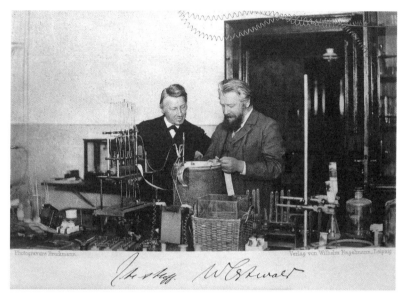

판트호프와 오스트발트

았다. 그의 연구는 희석된 용액이 기체의 거동을 설명하는 법칙과 매우 유사한 수학적 법칙을 따른다는 것을 보여주었다. 그는 1911년 3월 1일 베를린 근처 슈테글리츠에서 결핵으로 58세의 나이에 사망했다.

물리군   판트호프가 발견한 삼투압 법칙이란 뭔가요?

정교수   예를 들어 칸막이가 있는 용기에 한쪽에는 농도 10%, 다른 쪽에는 농도 50%의 설탕물을 각각 같은 양만큼 넣는다고 생각해 보게. 여기서 칸막이를 제거하면 어떻게 될까?

물리군   두 설탕물이 섞여서 농도 30%의 설탕물이 되겠죠.

정교수   이렇게 물질은 농도가 높은 곳에서 낮은 곳으로 이동하여 농도 차이를 줄이려는 경향이 있어. 이러한 현상을 확산이라 부른다고 한 것 기억하지? 확산이 반투막을 사이에 두고 일어나는 것을 삼투 현상이라고 한다네.

용액은 용매와 용질로 되어 있다. 예를 들어 설탕물 용액에서 용매는 물이고 용질은 설탕이다. 반투막은 분자 크기가 작은 용매는 통과시키지만 분자 크기가 큰 용질은 통과시키지 못한다.

이때 어떻게 농도가 같아질까? 용질이 반투막을 투과하지 못하므로 낮은 농도 쪽의 용매가 높은 농도 쪽의 용매로 이동한다. 이러한 삼투 현상으로 양쪽의 농도는 같아진다.

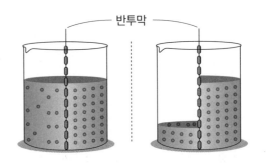

물리군 농도가 낮은 용액은 용매가 감소하니까 농도가 올라가고, 농도가 높은 용액은 용매가 증가하니까 농도가 줄어드는군요.

정교수 그렇지. 그래서 삼투 현상에 의해 두 농도가 같아지는 거야.

세상에서 가장 쉬운 과학 수업 브라운 운동

배추를 소금에 절인 다음 물이 생기는 이유는 배추 밖의 소금물의 농도가 배추 속보다 진하므로 배추 속의 물이 밖으로 빠져나오기 때문이다. 이때 배추 속의 소금물의 농도는 증가한다. 또한 삼투 현상은 생물의 세포막이 지닌 중요한 성질 중 하나로 농도가 낮은 쪽의 용매, 즉 물이 농도가 높은 쪽으로 이동하여 양쪽의 농도를 같게 한다.

삼투 현상에서는 반투막을 통해 용매 분자를 이동시키는 힘이 존재한다. 이 힘을 넓이로 나눈 값이 압력인데, 삼투 현상을 일으키는 압력을 삼투압이라고 부른다.

판트호프는 삼투압에 관한 공식을 발표했다. 삼투압을 p, 부피를 V, 분자의 몰수를 μ, 온도를 T라고 할 때

$$pV = \mu RT$$

가 된다는 것이 바로 판트호프의 삼투압 공식이다. 여기서 R는 기체 상수로

$$R = N_A k_B$$

로 정의한다. 이때 N_A는 아보가드로수[15]이고 k_B는 볼츠만 상수이다.

---

15) 같은 온도와 압력에서 같은 부피 속의 기체 분자 수는 기체의 종류와 관계없이 같음을 아보가드로가 알아냈다. 과학자들은 이 부피를 22.4리터로 택하는데 이 부피의 기체를 기체 1몰(mol)이라고 한다. 즉, 기체 1몰에는 아보가드로수만큼의 기체 분자가 들어 있다. 더 자세한 내용은 다섯 번째 만남에서 다룬다.

세 번째 만남

•

아인슈타인의 통계역학

라그랑주 곱수 _방법은 달라도 답은 같아!

정교수   본론으로 들어가기 전에 라그랑주 곱수에 대해 알아보세. 다음 문제를 보게.

문제 $x + y = 1$일 때, $f = x^2 + xy + y^2$ 의 최솟값을 구하여라.

이 문제는 어떻게 풀지?

물리군 $x + y = 1$로부터 $y = 1 - x$이므로

$$f = x^2 + x(1-x) + (1-x)^2$$

$$= x^2 - x + 1$$

이 돼요. 이것을 완전제곱식으로 바꾸면

$$f = \left(x - \frac{1}{2}\right)^2 + \frac{3}{4}$$

이니까 $x = \frac{1}{2}$일 때 최솟값 $\frac{3}{4}$을 갖죠. 물론 이때 $y = \frac{1}{2}$이 되고요.

정교수   이번에는 미분을 이용해서 풀어볼까?

물리군 $f = x^2 - x + 1$의 극값을 구하면

$$f' = 2x - 1 = 0$$

으로부터 $x = \frac{1}{2}$일 때 f는 극값을 가져요. 그런데 $f'' = 2 > 0$이니까 이 극값은 극솟값이에요. 극솟값이 하나이므로 이 값이 바로 최솟값

세상에서 가장 쉬운 과학 수업 브라운 운동

이 되죠. 그러니까 $x = \frac{1}{2}$ 일 때 f는 최솟값을 가져요.

정교수 기초가 탄탄하군! 라그랑주는 이 문제를 편미분을 이용해서 푸는 방법을 알아냈어. 주어진 문제는 $f = x^2 + xy + y^2$ 이라는 이변수함수의 극값을 구하는 문제야. 하지만 x, y는 서로 독립적이지 않아.

물리군 $x + y = 1$ 때문이군요.

정교수 그렇지. 이 식을 $x + y - 1 = 0$ 으로 바꿀 수 있는데 이렇게 x, y의 어떤 관계가 0이 되는 식을 구속식이라고 한다네. 라그랑주는 구속식이 있을 때 f 대신

$$f^* = f + \lambda(x + y - 1)$$

$$= x^2 + xy + y^2 + \lambda(x + y - 1)$$

의 극대, 극소를 조사해도 된다는 것을 알아냈지. 여기서 구속식에 곱한 수 λ를 라그랑주 곱수라고 부르네.

물리군 그런데 이변수함수의 극값 조건은 무엇인가요?

정교수 일변수함수의 극값 조건과 비슷하지만 이변수함수는 변수가 두 개이므로

$$\frac{\partial f^*}{\partial x} = 0$$

과

$$\frac{\partial f^*}{\partial y} = 0$$

을 동시에 만족해야 해. 그러니까 극값 조건은

$$2x + y + \lambda = 0$$
$$2y + x + \lambda = 0$$

이 되지. 첫 번째 식에서 두 번째 식을 빼면

$$x - y = 0$$

이니까 f^*는 $x = y$일 때 극값을 갖지. 즉, $x = y = \frac{1}{2}$일 때 f^*는 극값을 가지게 돼. 이때

$$\frac{\partial^2 f^*}{\partial x^2} = 2 > 0$$

$$\frac{\partial^2 f^*}{\partial y^2} = 2 > 0$$

이므로 이 극값은 극솟값이야. 극솟값이 한 개이므로 이 값은 최솟값이 되지. 그러니까 f^*는 $x = y = \frac{1}{2}$일 때 최솟값을 가진다네. 즉, 최솟값은 $\frac{3}{4}$일세.

물리군 앞에서 푼 방법과 답이 완전히 일치하네요.

정교수 맞아. 수학은 서로 다른 방법을 채택해 풀어도 답이 같아야 하거든.

물리군 그렇군요.

헬름홀츠 에너지 _ 열역학의 기본 법칙

정교수 본격적으로 아인슈타인의 통계역학 연구를 이야기하겠네.

물리군 통계역학이 뭐죠?

정교수 통계역학(또는 통계물리학)은 통계학을 이용해 열역학을 다루는 학문이야. 기체나 액체 속의 분자 수가 너무 크기 때문에 분자 하나하나의 운동을 이론적으로 다룰 수 없거든. 그래서 통계를 쓰는 거지. 즉, 통계물리학에서는 위치, 속도, 에너지를 계산할 때 기댓값이나 분산을 이용한다네.

물리군 아인슈타인이 통계역학 논문을 썼다는 건 처음 알았어요.

정교수 그의 업적이 너무 많아서 이 내용들은 잘 알려지지 않았거든. 아인슈타인은 1902년부터 1904년 사이에 세 편의 통계역학 논문을 냈어. 첫 논문이 나온 1902년은 그의 나이 23세 때야. 이 세 논문으로 통계역학 시대가 열렸다네. 통계역학이나 열역학을 전공하는 학자들은 아인슈타인의 논문보다는 1902년 기브스가 쓴 책《통계역학의 기본 원리》를 통계역학의 완성으로 보고 있어. 하지만 통계역학은 기브스와 아인슈타인이 각각 독립적으로 이루었다는 게 나의 생각이야. 이제 아인슈타인이 통계역학에 어떻게 기여했는지 세 논문을 토대로 이야기해 보세.

물리군 아인슈타인은 정말 모르는 게 없는 물리학자군요.

정교수 물론이야. 아인슈타인의 논문 속으로 들어가기 전에 먼저 열역학에 대해 알아보겠네.

열역학은 주로 어떤 용기 속에 들어 있는 기체의 운동을 다룬다. 기체는 기체 분자들로 이루어져 있다. 용기 속의 기체처럼 우리가 관심 있는 대상을 '계'라고 부른다.

물리학자들은 보통 열을 Q, 용기의 부피를 V로 쓴다. 계의 기체 분자들은 용기 벽과 충돌하면서 압력을 주는데 이 압력을 p, 계가 가진 에너지를 E라고 한다. 그리고 계의 무질서도를 나타내는 양으로 엔트로피라는 것이 있다. 엔트로피는 S로 쓰는데 무질서할수록 엔트로피가 커진다.

열역학의 기본 법칙은 다음과 같다.

[열역학 제1법칙] 계로 흘러 들어간 열의 변화량을 dQ, 계의 내부 에너지의 변화량을 dU, 계의 압력을 p, 부피의 변화를 dV라고 할 때, 다음이 성립한다.

$$dQ = pdV + dU \qquad\qquad (3\text{-}2\text{-}1)$$

[열역학 제2법칙] 열은 저절로 차가운 물체에서 뜨거운 물체로 이동할 수 없다. 온도가 T일 때 계의 엔트로피 변화량 dS는 다음과 같다.

$$dS = \frac{dQ}{T} \qquad\qquad (3\text{-}2\text{-}2)$$

열역학 제2법칙을 다르게 표현하면 계의 엔트로피가 점점 커진다고 말할 수 있다. 엔트로피가 조금씩 증가해 일정한 값에 가까워지는 때를 평형상태라고 한다.

열역학 법칙에서 d는 전미분이라고 부른다. 변수가 1개인 함수

$f(x)$의 전미분은

$$df = \frac{\partial f}{\partial x} dx$$

로 정의하고, 변수가 2개인 함수 $f(x, y)$의 전미분은

$$df = \frac{\partial f}{\partial x} dx + \frac{\partial f}{\partial y} dy$$

로 정의한다. 식 (3-2-1)과 (3-2-2)로부터

$$TdS = pdV + dU \tag{3-2-3}$$

또는

$$dU = TdS - pdV \tag{3-2-4}$$

이다. 식 (3-2-4)는 U가 S와 V에 의존함을 의미한다. 즉, U는 두 변수 S와 V의 함수 $U(S, V)$로 나타낼 수 있다. 따라서 U의 전미분은

$$dU = \frac{\partial U}{\partial S} dS + \frac{\partial U}{\partial V} dV \tag{3-2-5}$$

가 된다. 식 (3-2-4)와 (3-2-5)를 비교하면

$$\frac{\partial U}{\partial S} = T \quad (V\text{는 일정})$$

$$\frac{\partial U}{\partial V} = -p \quad (S\text{는 일정})$$

이다. 1882년 독일의 물리학자 헬름홀츠(Hermann von Helmholtz, 1821~1894)는 'Physical memoirs'라는 강연에서 재미있는 열역학 함수를 도입했다. 그는 전미분에 대한 라이프니츠 공식을 떠올렸다.

$$d(TS) = TdS + SdT$$

이 식을 이용하면 식 (3-2-4)는

$$dU = d(TS) - SdT - pdV$$

또는

$$d(U - TS) = -SdT - pdV \qquad (3\text{-}2\text{-}6)$$

가 된다. 헬름홀츠는 여기서

$$F = U - TS \qquad (3\text{-}2\text{-}7)$$

로 두었는데 이것은 나중에 헬름홀츠 에너지라는 이름으로 불린다. 즉, 식 (3-2-6)은

$$dF = -SdT - pdV \qquad (3\text{-}2\text{-}8)$$

이다. 전미분의 정의로부터 다음을 알 수 있다.

$$\frac{\partial F}{\partial T} = -S \quad (V는\ 일정)$$

(3-2-9)

$$\frac{\partial F}{\partial V} = -p \quad (T는\ 일정)$$

(3-2-10)

이것을 헬름홀츠 관계식이라고 한다.

스털링 공식 _ $n!$의 근삿값 구하기

정교수 이제 우리는 아주 큰 수의 팩토리얼의 근삿값을 구하는 수학 공식을 찾아볼 걸세. 우선 다음과 같은 적분을 보게.

$$I_n = \int_0^\infty e^{-t} t^n dt \quad (n = 0, 1, 2, \cdots)$$

물리군 n에 따라 적분이 변하는군요.

정교수 맞아. 먼저 I_0부터 구해 볼까?

물리군 그건 할 수 있어요.

$$I_0 = \int_0^\infty e^{-t} t^0 dt$$

$$= \int_0^\infty e^{-t} dt$$

$$= \left[-e^{-t} \right]_0^\infty$$

어라? t에 어떻게 무한대를 넣죠?

정교수   다음과 같이 극한을 취하면 돼.

$$\lim_{t \to \infty} e^{-t} = 0$$

이 되지.

물리군   그렇군요. 계산하면

$$I_0 = 1$$

이에요.

정교수   그럼 I_1을 구해 보게.

물리군   부분적분을 사용해야겠네요.

$$I_1 = \int_0^\infty e^{-t} t \, dt$$

$$= [-e^{-t} t]_0^\infty - \int_0^\infty (-e^{-t}) \, dt$$

여기서

$$[-e^{-t} t]_0^\infty = -\lim_{t \to \infty} t e^{-t} + 0$$

이 되고요. 이 극한값은 어떻게 구하죠?

정교수   이 극한은

$$\lim_{t \to \infty} te^{-t} = \lim_{t \to \infty} \frac{t}{e^t}$$

이므로 $\frac{\infty}{\infty}$꼴이야. 로피탈 정리에 의해 분자, 분모를 미분한 것의 극한값과 같지. 그러니까

$$\lim_{t \to \infty} te^{-t} = \lim_{t \to \infty} \frac{t}{e^t} = \lim_{t \to \infty} \frac{1}{e^t} = 0$$

이 돼. 따라서

$I_1 = 1$

이지. 이번에는 I_2, I_3, I_4, I_5를 부분적분을 이용해 구해 볼까?

물리군 시간이 좀 걸리겠네요. (⋯⋯) 나왔어요. 다음과 같아요.

$I_2 = 2$

$I_3 = 6$

$I_4 = 24$

$I_5 = 120$

정교수 지금까지 구한 값들을 팩토리얼로 바꾸어 쓸 수 있어.

$I_0 = 0!$

$I_1 = 1!$

$I_2 = 2!$

$I_3 = 3!$

$$I_4 = 4!$$

$$I_5 = 5!$$

정리하면

$$I_n = \int_0^\infty e^{-t} t^n \, dt = n! \tag{3-3-1}$$

이 되지.

물리군 $n = 5$까지만 계산했는데요?

정교수   수학적 귀납법을 써서 증명하면 되네. 차근차근 확인해 볼까?

$n = k$일 때, 식 (3-3-1)이 성립한다고 가정하자. 그러면

$$I_k = \int_0^\infty e^{-t} t^k \, dt = k!$$

이다. $n = k + 1$일 때는

$$I_{k+1} = \int_0^\infty e^{-t} t^{k+1} \, dt$$

이다. 여기서 부분적분을 이용하면

$$I_{k+1} = \int_0^\infty e^{-t} t^{k+1} \, dt$$

$$= [-e^{-t} t^{k+1}]_0^\infty - \int_0^\infty (-e^{-t})(k+1) t^k \, dt \tag{3-3-2}$$

가 된다. 식 (3-3-2)에서

$$\lim_{t \to \infty} t^{k+1} e^{-t} = \lim_{t \to \infty} \frac{t^{k+1}}{e^t}$$

은 $\frac{\infty}{\infty}$꼴이므로 로피탈 정리를 쓸 수 있다. 분모와 분자를 $k+1$번 미분하면

$$\lim_{t \to \infty} t^{k+1} e^{-t} = \lim_{t \to \infty} \frac{t^{k+1}}{e^t} = \lim_{t \to \infty} \frac{(k+1)!}{e^t} = 0$$

이다. 그러니까

$$I_{k+1} = \int_0^\infty e^{-t}(k+1) t^k dt$$

$$= (k+1) I_k$$

$$= (k+1) k! = (k+1)!$$

이 되어 $n = k+1$일 때도 식 (3-3-1)이 성립한다.

즉, 식 (3-3-1)은 $n = 0$일 때 성립하고, $n = k$일 때 성립한다고 가정하면 $n = k+1$일 때도 성립하므로 모든 n에 대해 식 (3-3-1)이 성립한다.

이제 테일러 전개에 대해 알아보자. 테일러 전개란 어떤 함수 $f(x)$를 다음과 같은 무한급수로 나타낼 수 있다는 것을 뜻한다.

$$f(x) = a_0 + a_1 x + a_2 x^2 + a_3 x^3 + a_4 x^4 + \cdots \tag{3-3-3}$$

이 식의 양변에 $x = 0$을 넣으면

$$f(0) = a_0$$

이다. 식 (3-3-3)의 양변을 미분하면

$$f'(x) = a_1 + 2a_2x + 3a_3x^2 + 4a_4x^3 + \cdots \tag{3-3-4}$$

이 되고 양변에 $x = 0$을 넣으면

$$f'(0) = a_1$$

이다. 식 (3-3-3)의 양변을 두 번 미분하고, 양변에 $x = 0$을 넣으면

$$f''(0) = 2 \cdot 1 a_2$$

가 된다. 그러므로

$$f(x) = f(0) + f'(0)x + \frac{1}{2}f''(0)x^2 + \cdots \tag{3-3-5}$$

이다. 테일러 전개에서 x가 아주 작은 경우 근사적으로

$$f(x) \approx f(0) + f'(0)x \tag{3-3-6}$$

또는

$$f(x) \approx f(0) + f'(0)x + \frac{1}{2}f''(0)x^2 \tag{3-3-7}$$

으로 나타낼 수 있는데 이것을 테일러 근사식이라고 한다.

물리군 팩토리얼 공식 (3-3-1)은 어디에 사용하나요?

정교수 n이 아주 큰 수일 때 $n!$의 근삿값을 구하는 공식을 찾는 데 쓸 거라네. 이는 수학자 스털링(James Stirling, 1692~1770)이 연구하고 발견했지.

스털링은 1692년 스코틀랜드의 스털링에서 태어났다. 그는 18세에 옥스퍼드의 베일리얼 칼리지에서 공부했고, 이탈리아의 베네치아로 가서 수학 교수로 일했다. 그러던 중 베네치아 유리 제조업자의 영업 비밀을 발견했다는 이유로 암살당할 위기에 놓였다가 뉴턴의 도움을 받아 1725년경 런던으로 돌아왔다.

런던에 머무는 10년 동안 그는 저명한 수학자들과 편지를 주고받으면서 수학 연구를 했다. 1735년에는 왕립 학회에 논문 〈지구의 모습과 그 표면에서 중력의 변화에 관하여〉를 발표했다. 같은 해에 그는 스코틀랜드 광업 회사의 관리자로 임명되어 스코틀랜드 납 광산에서 사용된 수력 공기 압축기를 연구했다. 광산에 대해 연구하는 틈틈이 수학 연구도 많이 했는데 그의 이름이 붙은 스털링수, 스털링 공식 등이 대표적이다.

이제 스털링 공식을 소개하겠다. 식 (3-3-1)은 다음과 같이 쓸 수 있다.

$$n! = \int_0^\infty e^{-t} e^{n\ln t} dt = \int_0^\infty e^{-t+n\ln t} dt$$

여기서

$$f(t) = -t + n\ln t \qquad\qquad (3\text{-}3\text{-}8)$$

로 놓자.

$$f'(t) = -1 + \frac{n}{t} = 0$$

이므로 $f(t)$는 $t = n$에서 극값을 갖는다.

$$f''(t) = -\frac{n}{t^2}$$

으로부터

$$f''(n) = -\frac{1}{n} < 0$$

이므로 이 극값은 극댓값이다. 즉, $f(t)$는 $t = n$에서 극댓값인 동시에 최댓값을 갖는다.[16]

  $n = 10000$일 때 함수 $f(t)$의 그래프의 모양은 다음과 같다.

---

16) 극댓값이 한 개인 경우는 극댓값이 곧 최댓값이다.

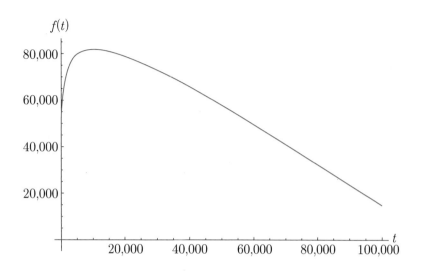

물리군 극댓값이 최댓값이 되는군요.

정교수 그렇지. 이제 $\ln(1 + x)$의 테일러 전개를 생각할 거야.

물리군 제가 한번 해 볼게요.

$$f(x) = \ln(1 + x)$$

로 놓으면

$$f'(x) = \frac{1}{1 + x}$$

$$f''(x) = -\frac{1}{(1 + x)^2}$$

$$f'''(x) = \frac{2}{(1 + x)^3}$$

가 돼요. 그러니까

$$f(0) = 0$$
$$f'(0) = 1$$
$$f''(0) = -1$$
$$f'''(0) = 2$$

이므로

$$f(x) = \ln(1+x) = x - \frac{x^2}{2} + \frac{x^3}{3} - \cdots \qquad \text{(3-3-9)}$$

이 되죠.

정교수 잘했어. 식 (3-3-9)를 잘 기억해두게. 그럼 스털링 공식(스털링 근사)을 유도해 보겠네.

식 (3-3-8)에서

$$t = n + y$$

라고 두면

$$f(t) = n \ln(n+y) - (n+y)$$

$$= n \ln n \left(1 + \frac{y}{n}\right) - (n+y)$$

세상에서 가장 쉬운 과학 수업 브라운 운동

$$= n \ln n + n \ln\left(1 + \frac{y}{n}\right) - (n + y)$$

이다. 여기서 n을 아주 큰 수로 택하면 $\frac{y}{n}$ 가 작으므로 테일러 근사를 쓸 수 있다. 즉,

$$f(t) \approx n \ln n + n\left(\frac{y}{n} - \frac{y^2}{2n^2} + \text{작은 값}\right) - n - y$$

가 된다. 작은 값을 무시하면

$$f(t) \approx n \ln n - n - \frac{y^2}{2n}$$

이다. 그러므로

$$n! \approx \int_{-n}^{\infty} e^{n \ln n - n - \frac{y^2}{2n}} dy$$

가 된다. n을 아주 큰 수로 택하여 무한대처럼 간주하는 근사를 이용하면

$$n! \approx e^{n \ln n - n} \int_{-\infty}^{\infty} e^{-\frac{y^2}{2n}} dy \tag{3-3-10}$$

이다. 식 (1-5-13)으로부터

$$n! \approx e^{n \ln n - n} \sqrt{2\pi n} = n^n e^{-n} (2\pi n)^{\frac{1}{2}} \tag{3-3-11}$$

이 된다. 이것을 스털링 공식 또는 스털링 근사라고 부른다.

물리군 스털링 근사와 실제 팩토리얼은 비슷한가요?

정교수 물론이야. 다음 표는 n이 1부터 10까지일 때 팩토리얼과 스털링 근사를 비교한 것일세.

n	$n!$	$e^{n \ln n - n} \sqrt{2\pi n}$ (소수 첫째 자리에서 반올림)
1	1	1
2	2	2
3	6	6
4	24	24
5	120	118
6	720	710
7	5040	4908
8	40320	39902
9	362880	359537
10	3628800	3595370

물리군 유용한 근사식이군요.

세상에서 가장 쉬운 과학 수업 브라운 운동

분배함수 _ 볼츠만의 논문에서

정교수   아인슈타인의 통계역학을 이해하려면 먼저 분배함수에 대해 알아야 하네.

물리군   분배함수라는 건 처음 들어 봐요.

정교수   아인슈타인은 볼츠만의 논문을 열심히 공부했어. 볼츠만은 온도가 T일 때 계의 에너지가 E일 확률 $P(E)$가 $e^{-\frac{E}{k_BT}}$에 비례하는 것을 알아냈지. 여기서 T는 계가 평형에 도달했을 때의 온도이고 k_B는 볼츠만 상수야. 이때 비례상수를 $\frac{1}{Z}$로 놓으면

$$P(E) = \frac{1}{Z} e^{-\frac{E}{k_BT}} \tag{3-4-1}$$

이 된다네.

물리군   왜 그런 거죠?

정교수   열역학 제2법칙에 따르면 계가 평형에 도달할 때까지 엔트로피는 점점 증가하다가 평형에 다다르면 더 이상의 변화는 없어. 즉, 계가 평형에 도달하면

$$dS = 0$$

이 되지. 엔트로피는 무질서한 정도를 나타내는데, 볼츠만은 엔트로피를

$$S = k_B \ln W \tag{3-4-2}$$

라고 정의했다네. 여기서 W는 주어진 계의 경우의 수일세. 좀 더 구체적으로 살펴보도록 하겠네.

예를 들어 다음과 같이 계가 세 종류의 에너지 E_1, E_2, E_3을 가질 수 있다고 하자. 이 계 속의 입자 수를 N이라 하고, 세 종류의 에너지 E_1, E_2, E_3을 갖는 입자 수를 각각 n_1, n_2, n_3으로 놓자.

$$\underline{\qquad n_3 개 \qquad}\;\; E_3$$

$$\underline{\qquad n_2 개 \qquad}\;\; E_2$$

$$\underline{\qquad n_1 개 \qquad}\;\; E_1$$

이때 계의 입자 수는

$$N = n_1 + n_2 + n_3 = (\text{일정})$$

또는

$$n_1 + n_2 + n_3 - N = 0 \tag{3-4-3}$$

이 된다. 이 계의 에너지의 평균을 U라 하자. 계가 평형상태에 도달했을 때 계의 에너지의 평균이 일정하다고 하면

세상에서 가장 쉬운 과학 수업 브라운 운동

$$U = \frac{n_1 E_1 + n_2 E_2 + n_3 E_3}{N} = (\text{일정})$$

또는

$$n_1 E_1 + n_2 E_2 + n_3 E_3 - NU = 0 \qquad (3\text{-}4\text{-}4)$$

이 된다. 이때 세 종류의 에너지 E_1, E_2, E_3을 갖는 입자 수가 n_1, n_2, n_3이 되도록 배치하는 경우의 수 W를 구해 보자. 먼저 N개의 입자 중에서 n_1개의 입자를 E_1에 배치하는 경우의 수는

$${}_N C_{n_1}$$

이다. 이제 남은 입자 수는 $N - n_1$개이므로 이 중 n_2개의 입자를 E_2에 배치하는 경우의 수는

$${}_{N - n_1} C_{n_2}$$

가 된다. 마지막으로 남은 입자 수는 $N - n_1 - n_2 = n_3$개이므로 이 중 n_3개의 입자를 E_3에 배치하는 경우의 수는

$${}_{N - n_1 - n_2} C_{n_3} = {}_{n_3} C_{n_3} = 1 \ (\text{가지})$$

이다. 그러므로

$$W = {}_N C_{n_1} \times {}_{N - n_1} C_{n_2} \times {}_{N - n_1 - n_2} C_{n_3}$$

$$= \frac{N!}{n_1! n_2! n_3!} \qquad (3\text{-}4\text{-}5)$$

이 된다. 이를 이용해 엔트로피를 구하면

$$S = k_B \ln \frac{N!}{n_1! n_2! n_3!}$$

$$= k_B (\ln N! - \ln n_1! - \ln n_2! - \ln n_3!) \tag{3-4-6}$$

이다. 입자의 개수가 많은 경우를 생각해 스털링 근사를 사용하면

$$S = k_B [N \ln N - N - (n_1 \ln n_1 - n_1) - (n_2 \ln n_2 - n_2) - (n_3 \ln n_3 - n_3)]$$

$$\tag{3-4-7}$$

이 된다. 여기서 $dS = 0$인데 두 개의 구속식 (3-4-3)과 (3-4-4)가 있으므로

$$S^* = S + \lambda_1 (n_1 + n_2 + n_3 - N) + \lambda_2 (n_1 E_1 + n_2 E_2 + n_3 E_3 - NU)$$

$$\tag{3-4-8}$$

에 대해 $dS^* = 0$인 것과 같다. 이는

$$\frac{\partial S^*}{\partial n_1} = 0 \tag{3-4-9}$$

$$\frac{\partial S^*}{\partial n_2} = 0 \tag{3-4-10}$$

$$\frac{\partial S^*}{\partial n_3} = 0 \tag{3-4-11}$$

을 의미한다. 이 세 조건으로부터

$$-\ln n_1 + \lambda_1 + \lambda_2 E_1 = 0 \qquad\qquad\qquad (3\text{-}4\text{-}12)$$

$$-\ln n_2 + \lambda_1 + \lambda_2 E_2 = 0 \qquad\qquad\qquad (3\text{-}4\text{-}13)$$

$$-\ln n_3 + \lambda_1 + \lambda_2 E_3 = 0 \qquad\qquad\qquad (3\text{-}4\text{-}14)$$

이 된다. 그러므로

$$n_i = e^{\lambda_1} e^{\lambda_2 E_i} \quad (i = 1, 2, 3) \qquad\qquad\qquad (3\text{-}4\text{-}15)$$

이다. 계가 E_i를 가질 확률을 $P(E_i)$라고 하면

$$P(E_i) = \frac{n_i}{N} = \frac{1}{N} e^{\lambda_1} e^{\lambda_2 E_i}$$

이다. 즉,

$$P(E_i) = \frac{1}{Z} e^{\lambda_2 E_i} \qquad\qquad\qquad (3\text{-}4\text{-}16)$$

의 꼴이 된다. 여기서

$$\frac{1}{N} e^{\lambda_1} = \frac{1}{Z}$$

로 두었다. 계가 가지는 에너지는 이산적일 수도 있고 연속적일 수도 있다. 먼저 이산적인 경우를 보자. 계가 가질 수 있는 에너지가

$$E_0, E_1, E_2, E_3, \cdots$$

이라고 하자. 온도 T일 때 계가 에너지 E_i일 확률 $P(E_i)$는

$$P(E_i) = \frac{1}{Z} e^{\lambda_2 E_i} \qquad (3\text{-}4\text{-}17)$$

이다. λ_2가 양수라면 E_i가 아주 큰 값이 되어 무한대에 가까워지고 위에 정의한 확률은 1보다 큰 값을 가진다. 하지만 확률은 1 이하의 값이므로 λ_2는 음수가 되어야 한다. 따라서

$$\lambda_2 = -|\lambda_2|$$

로 놓을 수 있다. 여기서 | |는 절댓값을 나타낸다. 확률의 총합은 1이므로

$$\sum_{i=0}^{\infty} P(E_i) = 1 \qquad (3\text{-}4\text{-}18)$$

또는

$$\sum_{i=0}^{\infty} \frac{1}{Z} e^{-|\lambda_2||E_i|} = 1$$

이다. 즉,

$$Z = \sum_{i=0}^{\infty} e^{-|\lambda_2||E_i|} \qquad (3\text{-}4\text{-}19)$$

이 되는데 이것을 분배함수라고 부른다.

물리군   계의 에너지가 연속적으로 변할 때 분배함수는 어떻게 되죠? 그리고 λ_2는 어떤 값을 갖나요?

정교수   계의 에너지가 연속적이면 E_1, E_2, E_3, …과 같이 나타낼 수 없어. 식을 가지고 설명해 보겠네.

계의 에너지 E가 0부터 ∞까지 연속적으로 변하는 경우 $P(E)$는 연속확률분포의 확률밀도함수이다. 그러므로 확률의 총합이 1인 식은

$$\int_0^\infty P(E)\,dE = 1 \tag{3-4-20}$$

로 표현한다. 여기서 계가 에너지 E를 가질 확률은

$$P(E) = \frac{1}{Z}\,e^{-|\lambda_2|E} \tag{3-4-21}$$

이고 분배함수는

$$Z = \int_0^\infty e^{-|\lambda_2|E}\,dE \tag{3-4-22}$$

이다. 물리학자들은 계가 0부터 무한대까지 연속적으로 변하는 에너지를 가질 때 에너지의 평균을 $<E>$라 하고 이것이 평형온도 T에 비례한다고 정의한다. 그리고 그 비례상수를 볼츠만 상수라고 부른다. 식으로 나타내면

$$<E> = k_B T \tag{3-4-23}$$

가 된다. 연속확률분포 (3-4-21)에 대해

$$< E > = \frac{1}{|\lambda_2|} \qquad (3\text{-}4\text{-}24)$$

이므로 식 (3-4-23)과 비교하면

$$|\lambda_2| = \frac{1}{k_B T}$$

이 된다. 물리학자들은 줄여 쓰는 것을 좋아한다. 그래서 다음과 같은 양을 도입했다.

$$\beta = \frac{1}{k_B T} \qquad (3\text{-}4\text{-}25)$$

이는 온도의 역수에 비례하므로 역온도(inverse temperature)라고 부른다.

역온도를 이용해서 분배함수를 쓰면

$$Z = \int_0^\infty e^{-\beta E}\, dE \qquad (3\text{-}4\text{-}26)$$

가 되고, 온도 T일 때 계의 에너지가 E일 확률 $P(E)$는

$$P(E) = \frac{1}{Z} e^{-\beta E} \qquad (3\text{-}4\text{-}27)$$

이다. 그러므로 계의 에너지의 기댓값은

$$< E > = \int_0^\infty E P(E)\, dE$$

세상에서 가장 쉬운 과학 수업 브라운 운동

$$= \frac{1}{Z} \int_0^\infty E e^{-\beta E} dE \qquad\qquad (3\text{-}4\text{-}28)$$

가 된다. 한편

$$\frac{\partial}{\partial \beta} e^{-\beta E} = - E e^{-\beta E}$$

이므로

$$
\begin{aligned}
<E> &= \frac{1}{Z} \int_0^\infty \left(-\frac{\partial}{\partial \beta} \right) e^{-\beta E} dE \\
&= \frac{1}{Z} \left(-\frac{\partial}{\partial \beta} \right) \int_0^\infty e^{-\beta E} dE \\
&= \frac{1}{Z} \left(-\frac{\partial}{\partial \beta} \right) Z \\
&= \left(-\frac{\partial}{\partial \beta} \right) \ln Z \qquad\qquad (3\text{-}4\text{-}29)
\end{aligned}
$$

이다.

역학을 이용해 통계역학을 다룬 아인슈타인
_고전역학으로 열 현상을 설명하다

정교수 아인슈타인은 통계역학 논문에서 기존의 열물리학자들과 다른 방법으로 열역학을 다루려고 했어.

물리군   어떻게요?

정교수   고전역학을 이용해 열 현상을 설명하려고 했지.

아인슈타인은 질량이 m인 입자 한 개가 길이가 L인 곳에 갇혀서 일차원 운동을 하는 경우를 생각했다. 그는 이 입자의 위치를 x라고 두었다. 그러므로

$$0 \leq x \leq L$$

을 만족한다.

이 입자가 운동을 하므로 속도 v를 갖는다. 이 입자의 운동에너지를 T라고 하면

$$T = \frac{1}{2}mv^2$$

이 된다. 아인슈타인은 하위헌스가 정의한 운동량 $p = mv$로 운동에너지를 다음과 같이 나타냈다.

$$T = \frac{p^2}{2m}$$

퍼텐셜에너지는 x의 함수로 주어지므로 이를 $\phi(x)$로 놓으면 역학적에너지 H는

$$H(x,\,p) = T + V = \frac{p^2}{2m} + \phi(x) \tag{3-5-1}$$

이다. 입자는 왼쪽이나 오른쪽으로 운동하므로 p는 양수 또는 음수이다. 아인슈타인은 p의 범위를

$$-\infty < p < \infty$$

로 택했다. 이 입자의 에너지는 x와 p에 따라 달라진다. 따라서 온도 T일 때 입자가 에너지 $H(x, p)$를 가질 확률을 $P(x, p)$라고 하면

$$P(x,\,p) = \frac{1}{Z} e^{-\beta H(x,\,p)} \tag{3-5-2}$$

이고

$$Z = \int_0^L dx \int_{-\infty}^{\infty} e^{-\beta H(x,\,p)} dp \tag{3-5-3}$$

로 주어진다는 것을 알 수 있다. 일차원에서 이상기체를 생각하자. 이상기체의 퍼텐셜에너지는 0이고

$$H(x,\,p) = T = \frac{p^2}{2m} = \frac{1}{2} mv^2$$

이므로

$$Z = L \int_{-\infty}^{\infty} e^{-\beta \frac{p^2}{2m}} dp = \sqrt{\frac{2m\pi}{\beta}}$$

가 된다. 식 (3-4-29)를 이용하면 에너지의 기댓값은

$$< E > = \frac{1}{2\beta} = \frac{1}{2} k_B T = \frac{R}{2N_A} T$$

이다. 그러므로

$$\frac{1}{2} m < v^2 > = \frac{1}{2} k_B T = \frac{1}{2} \frac{R}{N_A} T$$

또는

$$< v^2 > = \frac{R}{mN_A} T$$

가 된다.

아인슈타인은 이 문제를 한 변의 길이가 L인 정육면체 상자 속의 질량 m인 입자의 경우로 확장했다. 이때 입자의 위치는 (x, y, z)로 기술하며

$$0 \leq x \leq L$$
$$0 \leq y \leq L$$
$$0 \leq z \leq L$$

을 만족한다.

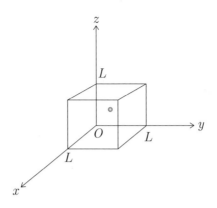

이 입자의 운동량의 x, y, z성분을 각각 p_x, p_y, p_z라고 하면

$$-\infty < p_x < \infty$$

$$-\infty < p_y < \infty$$

$$-\infty < p_z < \infty$$

이고 운동에너지는

$$T = \frac{p_x^2 + p_y^2 + p_z^2}{2m}$$

이 되며 퍼텐셜에너지는

$$\phi(x, y, z)$$

이다. 그러므로 역학적에너지 H는 변수가 여섯 개인 함수가 된다.

$$H(x, y, z, p_x, p_y, p_z) = T + V = \frac{p_x^2 + p_y^2 + p_z^2}{2m} + \phi(x, y, z) \qquad (3\text{-}5\text{-}4)$$

따라서 온도 T일 때 입자의 에너지가 $H(x, y, z, p_x, p_y, p_z)$일 확률을 $P(x, y, z, p_x, p_y, p_z)$라고 하면

$$P(x, y, z, p_x, p_y, p_z) = \frac{1}{Z} e^{-\beta H(x, y, z, p_x, p_y, p_z)} \tag{3-5-5}$$

이고

$$Z = \int_0^L dx \int_0^L dy \int_0^L dz \int_{-\infty}^{\infty} dp_x \int_{-\infty}^{\infty} dp_y \int_{-\infty}^{\infty} e^{-\beta H(x, y, z, p_x, p_y, p_z)} dp_z \tag{3-5-6}$$

로 주어진다는 것을 알 수 있다.

물리군   적분 기호가 6개나 되네요.

정교수   너무 걱정할 거 없어. 쉽게 계산할 수 있으니까 말일세.

아인슈타인은 식 (3-5-6)을 다음과 같이 썼다.

$$Z = \int_0^L dx \int_0^L dy \int_0^L e^{-\beta \phi(x,y,z)} dz \int_{-\infty}^{\infty} dp_x \int_{-\infty}^{\infty} dp_y \int_{-\infty}^{\infty} e^{-\frac{\beta}{2m}(p_x^2 + p_y^2 + p_z^2)} dp_z \tag{3-5-7}$$

그리고 이상기체를 생각했다. 두 번째 만남에서 언급했듯이 이상기체란 이상적인 기체라는 뜻으로 분자끼리 혹은 분자와 벽의 충돌에서 역학적에너지가 보존되며 분자 사이의 힘이 작용하지 않는 기체를 말한다. 이러한 분자는 힘을 받지 않으므로 퍼텐셜에너지는 0이

된다. 우리가 생각하는 입자가 이상기체 분자라면 $\phi = 0$이므로

$$\int_0^L dx \int_0^L dy \int_0^L dz = L^3 = V$$

가 된다. 여기서 V는 우리가 고려하는 계의 부피, 즉 기체가 들어 있는 용기의 부피이다. 따라서

$$Z = V \int_{-\infty}^{\infty} dp_x \int_{-\infty}^{\infty} dp_y \int_{-\infty}^{\infty} e^{-\frac{\beta}{2m}(p_x^2 + p_y^2 + p_z^2)} dp_z$$

$$= V \int_{-\infty}^{\infty} e^{-\frac{\beta}{2m}p_x^2} dp_x \int_{-\infty}^{\infty} e^{-\frac{\beta}{2m}p_y^2} dp_y \int_{-\infty}^{\infty} e^{-\frac{\beta}{2m}p_z^2} dp_z$$

이다. 식 (1-5-13)을 이용하면

$$Z = V\left(\sqrt{\frac{2m\pi}{\beta}}\right)^3 \tag{3-5-8}$$

이 된다. 이 식에 로그를 취하면

$$\ln Z = \ln V + \frac{3}{2}(\ln 2m\pi - \ln \beta) \tag{3-5-9}$$

이다. 식 (3-4-29)를 이용하면

$$<E> = \frac{3}{2\beta} = \frac{3}{2}k_B T \tag{3-5-10}$$

가 된다. 한편

$$E = T = \frac{1}{2}mv^2$$

이므로

$$\frac{1}{2}m <v^2> = \frac{3}{2}k_B T = \frac{3}{2}\frac{R}{N_A}T$$

또는

$$<v^2> = \frac{3R}{mN_A}T$$

가 된다.

이제 아인슈타인은 한 변의 길이가 L인 정육면체 상자 속에 질량 m인 입자가 n개 있는 경우를 생각했다.

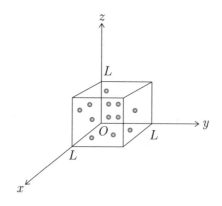

(첫 번째 입자의 x좌표) $= x^{(1)}$

세상에서 가장 쉬운 과학 수업 브라운 운동

$$(\text{첫 번째 입자의 } y\text{좌표}) = y^{(1)}$$

$$(\text{첫 번째 입자의 } z\text{좌표}) = z^{(1)}$$

$$(\text{두 번째 입자의 } x\text{좌표}) = x^{(2)}$$

$$(\text{두 번째 입자의 } y\text{좌표}) = y^{(2)}$$

$$(\text{두 번째 입자의 } z\text{좌표}) = z^{(2)}$$

$$\vdots$$

$$(n\text{번째 입자의 } x\text{좌표}) = x^{(n)}$$

$$(n\text{번째 입자의 } y\text{좌표}) = y^{(n)}$$

$$(n\text{번째 입자의 } z\text{좌표}) = z^{(n)}$$

으로 놓고

$$(\text{첫 번째 입자의 운동량의 } x\text{성분}) = p_x^{(1)}$$

$$(\text{첫 번째 입자의 운동량의 } y\text{성분}) = p_y^{(1)}$$

$$(\text{첫 번째 입자의 운동량의 } z\text{성분}) = p_z^{(1)}$$

$$(\text{두 번째 입자의 운동량의 } x\text{성분}) = p_x^{(2)}$$

$$(\text{두 번째 입자의 운동량의 } y\text{성분}) = p_y^{(2)}$$

$$(\text{두 번째 입자의 운동량의 } z\text{성분}) = p_z^{(2)}$$

$$\vdots$$

$$(n\text{번째 입자의 운동량의 } x\text{성분}) = p_x^{(n)}$$

$$(n\text{번째 입자의 운동량의 } y\text{성분}) = p_y^{(n)}$$

$$(n\text{번째 입자의 운동량의 } z\text{성분}) = p_z^{(n)}$$

으로 둘 수 있다. 따라서 운동에너지는

$$T = \frac{1}{2m} \sum_{i=1}^{n} [(p_x^{(i)})^2 + (p_y^{(i)})^2 + (p_z^{(i)})^2]$$ (3-5-11)

이 된다. 이 입자들을 이상기체의 분자로 생각하자. 퍼텐셜에너지가 0이므로 온도 T일 때 입자의 에너지가

$$H(x^{(1)}, y^{(1)}, z^{(1)}, \cdots, x^{(n)}, y^{(n)}, z^{(n)}, p_x^{(1)}, p_y^{(1)}, p_z^{(1)}, \cdots, p_x^{(n)}, p_y^{(n)}, p_z^{(n)})$$

일 확률을

$$P(x^{(1)}, y^{(1)}, z^{(1)}, \cdots, x^{(n)}, y^{(n)}, z^{(n)}, p_x^{(1)}, p_y^{(1)}, p_z^{(1)}, \cdots, p_x^{(n)}, p_y^{(n)}, p_z^{(n)})$$

이라고 하자. 그러면

$$P(x^{(1)}, y^{(1)}, z^{(1)}, \cdots, x^{(n)}, y^{(n)}, z^{(n)}, p_x^{(1)}, p_y^{(1)}, p_z^{(1)}, \cdots, p_x^{(n)}, p_y^{(n)}, p_z^{(n)})$$

$$= \frac{1}{Z} e^{-\beta H(x^{(1)}, y^{(1)}, z^{(1)}, \cdots, x^{(n)}, y^{(n)}, z^{(n)}, p_x^{(1)}, p_y^{(1)}, p_z^{(1)}, \cdots, p_x^{(n)}, p_y^{(n)}, p_z^{(n)})}$$ (3-5-12)

이고,

$$Z = \int_0^L dx^{(1)} \int_0^L dy^{(1)} \int_0^L dz^{(1)} \cdots \int_0^L dx^{(n)} \int_0^L dy^{(n)} \int_0^L dz^{(n)}$$

$$\times \int_{-\infty}^{\infty} dp_x^{(1)} \int_{-\infty}^{\infty} dp_y^{(1)} \int_{-\infty}^{\infty} dp_z^{(1)} \cdots \int_{-\infty}^{\infty} dp_x^{(n)} \int_{-\infty}^{\infty} dp_y^{(n)} \int_{-\infty}^{\infty} e^{-\beta H} dp_z^{(n)}$$

(3-5-13)

이다. 이 적분을 계산하면 다음과 같다.

$$Z = V^n \left(\sqrt{\frac{2m\pi}{\beta}} \right)^{3n} \qquad\qquad (3\text{-}5\text{-}14)$$

이 식에 로그를 취하면

$$\ln Z = n \ln V + \frac{3n}{2} (\ln 2m\pi - \ln \beta) \qquad\qquad (3\text{-}5\text{-}15)$$

이다. 식 (3-4-29)를 이용하면

$$< E > = \frac{3n}{2\beta} = \frac{3n}{2} k_B T \qquad\qquad (3\text{-}5\text{-}16)$$

가 된다.

기브스의 통계역학 _ 기브스 엔트로피

정교수　이제 아인슈타인의 논문과 같은 해 발표한 기브스의 통계역학에 대해 이야기할까 하네.

　기브스는 미국 코네티컷주 뉴헤이븐에서 태어났다. 그는 1701년부터 1707년까지 하버드 대학의 총장 대리를 역임한 새뮤얼 윌러드의 후손이다. 기브스는 홉킨스 학교에서 교육을 받았으며 1854년 15

기브스(Josiah Willard Gibbs, 1839~1903)

세의 나이로 예일 대학교에 입학해 1858년에 수석으로 졸업했다. 대학 졸업 직후인 19세에는 예일 대학교 내의 학술 기관인 코네티컷 예술 과학 아카데미에 들어갔다.

1861년 아버지의 사망 후 기브스는 재정적으로 독립할 수 있을 만큼 충분한 재산을 물려받았다. 1863년에 그는 〈기어에서 바퀴의 이빨 형태〉라는 제목의 논문으로 미국 최초로 공학박사 학위를 받았다.

그 후 기브스는 대학의 강사로 임명되어, 처음 2년 동안은 라틴어를 가르쳤고 3년차에는 물리학을 가르쳤다. 3년간의 강사 생활을 마친 후에는 유럽으로 여행을 떠나 수학자 리우빌(Joseph Liouville), 바이어슈트라스(Karl Weierstrass), 크로네커(Leopold Kronecker) 등을 만나 수학을 연구했다. 독일 하이델베르크 대학에서는 물리학자 키르히호프(Gustav Kirchhoff), 헬름홀츠 등과 교류했다.

1869년 6월 예일 대학교로 돌아온 뒤에는 증기기관을 연구했고,

1871년에는 예일대 수리물리학 교수로 임명되었다. 1873년 그는 열역학적 양의 기하학적 표현에 관한 논문을 발표했는데 영국의 맥스웰(James Clerk Maxwell)로부터 열렬한 반응을 얻었다. 1875년과 1878년에는 〈이종 물질의 평형에 관하여〉라는 제목의 논문을 발표했다. 1882년부터 1889년까지 기브스는 광학에 관한 5개의 논문에서 복굴절을 연구한 결과를 내놓았다.

기브스는 통계역학이라는 용어를 만들고 1876년 기브스 에너지를 정의했다. 1902년에는 통계앙상블 개념을 정립했다. 기브스의 통계역학 완성에 대한 모든 내용은 1902년 출판된 그의 통계역학 책에 자세히 나와 있다.

물리군 기브스가 통계역학에서 이룬 업적을 설명해 주세요.
정교수 그는 1877년 볼츠만이 정의한 엔트로피 공식을 다시 살펴보았어.

$$S = k_B \ln W \tag{3-6-1}$$

여기서 W는 계가 가질 수 있는 모든 경우의 수를 말한다.

기브스는 볼츠만의 엔트로피 공식이 열역학 제1법칙과 제2법칙을 따르지 않는 특별한 경우임을 알아냈다. 특히 계가 취하는 에너지가 여러 가지이고 각각의 에너지를 취할 확률이 달라지는 경우에는 볼츠만의 엔트로피를 쓸 수 없음을 발견한 것이다.

계의 에너지가 이산적인 경우를 생각하자. 이때 기브스는 엔트로피를 다음과 같이 정의했다.

$$S = -k_B \sum_{i=1}^{\infty} P(E_i) \ln P(E_i) \qquad (3\text{-}6\text{-}2)$$

이것을 기브스 엔트로피라고 부른다.

물리군 볼츠만 엔트로피보다 복잡하네요.

정교수 볼츠만 엔트로피는 기브스 엔트로피의 특별한 경우일세.

예를 들어 계가 취할 수 있는 에너지가

$$E_1, E_2, \cdots, E_W$$

로 이산적이라고 하자. 이때 계가 취할 수 있는 에너지는 W가지이다. 만일 각각의 에너지를 취할 확률이 같다면 그 확률은

$$\frac{1}{W}$$

이 된다. 이것을 기브스 엔트로피에 넣으면

$$S = -k_B \sum_{i=1}^{W} \frac{1}{W} \ln \frac{1}{W}$$

$$= k_B \frac{1}{W} \ln W \sum_{i=1}^{W} 1$$

$$= k_B \ln W$$

이므로 볼츠만 엔트로피가 된다.

물리군　하지만 계가 각각의 에너지를 취할 확률은 서로 다르잖아요?

정교수　맞아. 그러니까 기브스 엔트로피가 올바른 엔트로피 공식이야.

　기브스는 자신의 엔트로피 공식이 열역학 제1법칙과 제2법칙을 만족하는지 확인해야 했다. 식 (3-4-1)로부터

$$\ln P(E_i) = -\beta E_i - \ln Z \tag{3-6-3}$$

이므로 기브스 엔트로피는 다음과 같다.

$$S = k_B \left[\beta \sum_i E_i P(E_i) + \ln Z \sum_i P(E_i) \right]$$

$$= \frac{1}{T} < E > + k_B \ln Z \tag{3-6-4}$$

기브스는 엔트로피에 전미분을 취해 보았다.

$$dS = -k_B \sum_i d[P(E_i) \ln P(E_i)]$$

여기서 $P(E_i) = P_i$로 줄여 쓰면

$$dS = -k_B \sum_i d(P_i \ln P_i)$$

$$= -k_B \sum_i [dP_i \ln P_i + P_i d\ln P_i]$$

$$= -k_B \sum_i \left[dP_i \ln P_i + P_i \frac{1}{P_i} dP_i \right]$$

$$= -k_B \sum_i dP_i \ln P_i - k_B \sum_i dP_i \qquad (3\text{-}6\text{-}5)$$

이다. 이때

$$\sum_i dP_i = d\left(\sum_i P_i \right) = d(1) = 0 \qquad (3\text{-}6\text{-}6)$$

이므로 식 (3-6-5)는

$$dS = -k_B \sum_i dP_i \ln P_i \qquad (3\text{-}6\text{-}7)$$

가 된다. 식 (3-6-3)에 의해

$$dS = -k_B \sum_i dP_i (-\beta E_i - \ln Z) \qquad (3\text{-}6\text{-}8)$$

이다. 식 (3-6-6)을 이용하면

$$dS = k_B \beta \sum_i dP_i E_i \qquad (3\text{-}6\text{-}9)$$

가 된다. 전미분의 라이프니츠 규칙으로부터

$$dS = k_B \beta \sum_i [d(P_i E_i) - P_i dE_i]$$

$$= k_B \beta d \left[\sum_i P_i E_i\right] - k_B \beta \sum_i P_i dE_i$$

$$= \frac{1}{T} d <E> - \frac{1}{T} \sum_i P_i dE_i \qquad (3\text{-}6\text{-}10)$$

이다. 기브스는

$$\sum_i P_i dE_i$$

를 자세히 들여다보았다. 여기서 dE_i는 E_i의 변화량이다. 기브스는 이 변화량이 부피의 팽창이나 수축에 관여한다고 생각했다. 예를 들어 다음과 같이 단면적이 A인 관 속의 입자에 힘 F_i가 작용해 길이 방향 으로 dx만큼 늘어난 경우를 생각하자.

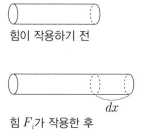

힘이 작용하기 전

힘 F_i가 작용한 후

E_i는 x에 따라 달라지므로 $E_i(x)$로 쓸 수 있다. 따라서

$$dE_i = \frac{\partial E_i}{\partial x} dx \qquad (3\text{-}6\text{-}11)$$

이다. 이때 힘은 위치 x에 따라 변하는데 힘 F_i에 대응하는 퍼텐셜에너지를 $\phi_i(x)$라고 하면

$$F_i = -\frac{\partial \phi_i}{\partial x} \qquad (3\text{-}6\text{-}12)$$

이다.[17] 그러므로 식 (3-6-11)은

$$dE_i = \frac{\partial \phi_i}{\partial x} dx = -F_i dx \qquad (3\text{-}6\text{-}13)$$

가 된다. 한편 계의 에너지가 E_i일 때 계 속의 이상기체의 압력을 p_i라고 하면

$$dE_i = -F_i dx = -p_i A dx = -p_i dV \qquad (3\text{-}6\text{-}14)$$

이다. 여기서 V는 관의 부피이고 dV는 부피의 변화량이다. 따라서

$$\sum_i P_i dE_i = -\left(\sum_i p_i P_i\right) dV$$

가 된다. $\displaystyle\sum_i p_i P_i$ 는 모든 가능한 압력의 평균인데 이것을 기체의 압력

---

17) 용수철이 늘어난 길이를 x라고 하면 용수철의 탄성력은 $F = -kx$이고 퍼텐셜에너지는 $\phi = \frac{1}{2}kx^2$이다. 그러므로 $F = -\frac{d\phi}{dx}$를 만족한다.

p라고 하면

$$\sum_i P_i dE_i = -p dV \qquad (3-6-15)$$

이다. 그러므로 식 (3-6-10)은

$$dS = \frac{1}{T} d<E> + \frac{p}{T} dV \qquad (3-6-16)$$

가 된다. 이 식은 식 (3-2-4)를 나타내고 내부 에너지는 바로 에너지의 기댓값이 된다. 즉,

$$U = <E>$$

이다. 이렇게 기브스 엔트로피는 열역학의 법칙과 정확하게 일치함을 알 수 있다. 식 (3-6-4)로부터 헬름홀츠 에너지는

$$F = U - TS = -k_B T \ln Z \qquad (3-6-17)$$

가 된다.

네 번째 만남

•

브라운 운동 논문 속으로

아인슈타인 이전의 연구들 _ 열 현상 VS 분자들의 충돌 현상

정교수 브라운 운동이 발견된 후 많은 사람들은 브라운 운동의 원인이 무엇인지 궁금했어. 그들은 용액 속에서 떠다니는 미세 입자가 어떻게 해서 움직이는지 알고 싶었지.

물리군 물리학자들이 연구에 뛰어들었겠네요.

정교수 물리적으로 브라운 운동의 원인을 찾으려고 했던 것은 맞지만 물리학자들만 이 문제에 관심 있는 건 아니었네.

1858년 파리 약학대학 교수인 르뇨(Jules Regnauld)는 브라운 운동에 대해 다음과 같이 생각했다.

"빛을 용액에 비추면 용액은 빛으로부터 에너지를 받는다. 이로 인해 온도가 올라가 용액을 이루는 분자의 운동이 활발해진다. 이것이 용액 속의 미세 입자를 불규칙적으로 움직이게 한다."

– 르뇨

르뇨의 이론은 독일 카를스루에 대학의 기하학자 비너(Christian Wiener, 1826~1896), 이탈리아 물리학자 칸토니(Giovanni Cantoni, 1818~1897), 영국의 실험 장치 발명가 댄서(John Benjamin Dancer, 1812~1887), 영국의 경제학자 제번스(William Stanley Jevons, 1835~1882) 등에게 지지를 받아 1870년대까지 브라운 운동에 대한 주

이론이 되었다. 특히 제번스는 브라운 운동이 삼투 현상과 관련이 있을 거라는 주장을 내놓았다.

1879년 스위스의 식물학자 네겔리(Carl Nägeli, 1817~1891)는 브라운 운동의 원인에 대한 다른 가설을 제시했다. 그는 부유 입자와 그 입자를 에워싼 용액 분자들의 충돌 때문에 브라운 운동이 일어난다고 생각했다.

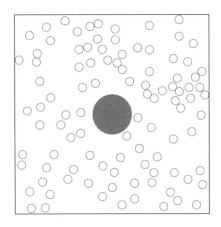

네겔리의 주장은 스코틀랜드 화학자 램지(Sir William Ramsay, 1852~1916, 1904년 비활성기체 발견으로 노벨 화학상 수상), 프랑스 물리학자 구이(Louis Georges Gouy, 1854~1926) 등의 지지를 받았다.

물리군 브라운 운동이 열 현상인가 분자들의 충돌 현상인가 하는 문제가 대립되었군요.

정교수   맞아. 이 문제를 깔끔하게 해결한 건 1905년 아인슈타인이었다네.

논문 속으로 I _ 삼투 현상과 비슷하다

정교수   아인슈타인의 1905년 브라운 운동 논문은 읽어 봤나?
물리군   앞에서 나온 식들이 보이기는 하는데 잘 모르겠어요.
정교수   논문에서는 부유 입자들이 액체 속에서 불규칙적으로 움직이는 현상을 삼투 현상과 비슷한 이론으로 설명했어. 그 내용을 자세히 살펴보기로 하세.

아인슈타인은 문제를 단순화하여 다음과 같은 원기둥 모양의 관 속에서 움직이는 부유 입자의 운동을 생각했다. 원통의 단면적 A를 굉장히 작게 택하면 부유 입자의 운동은 일차원 운동으로 기술할 수 있다.

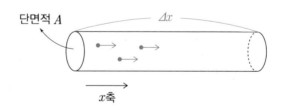

부유 입자는 농도가 달라지기 때문에 삼투압과 같은 압력을 받는다. 이때 관의 부피를 V라고 하면

$$V = A\Delta x$$

이다. 여기서 부유 입자 수를 n으로 놓고, 기체처럼 1몰의 부유 입자 수를 아보가드로수 N_A라고 하자.

$$N_A = 6.02214076 \times 10^{23}$$

우리가 고려하는 부유 입자가 m몰이라면

$$m : n = 1 : N_A$$

로부터

$$m = \frac{n}{N_A} \tag{4-2-1}$$

이 된다. 아인슈타인은 부유 입자가 만드는 압력 p가 삼투압의 방정식을 만족한다고 생각했다. 즉, 온도 T일 때

$$pV = mRT = \frac{n}{N_A}RT \tag{4-2-2}$$

가 성립한다. 단위부피당 부유 입자 수를 ν라고 하면

$$\nu = \frac{n}{V} \tag{4-2-3}$$

이므로 식 (4-2-2)는

$$p = \frac{\nu}{N_A} RT \qquad\qquad (4\text{-}2\text{-}4)$$

가 된다.

물리군 논문을 보면 헬름홀츠 에너지가 나오는데 그것을 이용해서 식 (4-2-4)를 얻을 수 있나요?
정교수 물론이야.

아인슈타인은 세 번째 만남에서 논의한 통계역학을 이용하여 식 (4-2-4)를 얻는 방법을 논문에 소개했다. 그는 n개의 부유 입자들이 마치 이상기체처럼 행동하는 경우를 생각했다. 이때 식 (3-6-17)로부터

$$S = \frac{U}{T} + k_B \ln Z$$

가 되고, 분배함수는

$$Z = V^n \int_{-\infty}^{\infty} dp_x^{(1)} \int_{-\infty}^{\infty} dp_y^{(1)} \int_{-\infty}^{\infty} dp_z^{(1)} \cdots \int_{-\infty}^{\infty} dp_x^{(n)} \int_{-\infty}^{\infty} dp_y^{(n)} \int_{-\infty}^{\infty} e^{-\beta H} dp_z^{(n)}$$

이다. 여기서

$$H = \frac{1}{2m} \sum_{i=1}^{n} [(p_x^{(i)})^2 + (p_y^{(i)})^2 + (p_z^{(i)})^2]$$

이다. 따라서 식 (3-5-15)에 의해 헬름홀츠 에너지는

$$F = -k_B T \ln Z$$

$$= -k_B T \left[n \ln V + \frac{3n}{2} (\ln 2m\pi - \ln \beta) \right]$$ (4-2-5)

가 된다. 헬름홀츠 관계식으로부터 압력은

$$p = -\frac{\partial F}{\partial V} = \frac{nk_B T}{V}$$

이므로

$$pV = n k_B T$$

또는

$$p = \nu k_B T$$

이다. $k_B = \dfrac{R}{N_A}$를 이용하면

$$p = \frac{\nu}{N_A} RT$$

가 되어 식 (4-2-4)와 일치한다.

논문 속으로 II _ 확산 현상을 이용한 설명

정교수　아인슈타인은 부유 입자의 운동을 확산을 이용해 설명하려고 했어.

물리군　브라운 운동이 확산 현상이라는 뜻이군요.

정교수　그렇다네.

　원기둥 모양의 관 속에서 부유 입자가 만드는 힘은 pA이고, 이 힘으로 부유 입자가 $\varDelta x$를 이동할 때 한 일을 W라고 하면

$$W = pA\varDelta x \tag{4-3-1}$$

가 된다. 퍼텐셜에너지를 U라고 하면

$$U = -W = -pA\varDelta x \tag{4-3-2}$$

이다. 하나의 부유 입자가 만든 힘을 K라고 하면 n개의 부유 입자가 만드는 힘은

$$nK$$

가 된다. 이 힘이 퍼텐셜에너지로부터 구해지는 힘과 같아야 하므로

$$nK = -\frac{\partial U}{\partial x}$$

$$=-\frac{\partial}{\partial x}(-pA\varDelta x)$$

$$= V\frac{\partial p}{\partial x} \tag{4-3-3}$$

이다. 양변을 V로 나누면

$$\nu K = \frac{\partial p}{\partial x}$$

또는

$$\nu K = \frac{RT}{N_A}\frac{\partial \nu}{\partial x} \tag{4-3-4}$$

가 된다. 아인슈타인은 피크(Fick)의 법칙

$$(\text{확산 플럭스의 크기}) = D\frac{\partial(\text{농도})}{\partial x}$$

를 떠올렸다. 여기서 D는 확산 계수이고 농도(개수 밀도)는 $\nu = \frac{n}{V}$이다. 확산 플럭스의 크기는 단위시간당 원통의 단위면적을 통과하는 부유 입자 수이므로 이를 J라고 하면

$$J = \frac{n}{AT}$$

이다. 이때 T는 부유 입자 하나가 $\varDelta x$를 이동하는 데 걸리는 시간을 뜻한다.

부유 입자의 평균속력을 $\bar{v}$라고 하면

$$\Delta x = \bar{v}\,T$$

가 된다. 그러므로

$$\frac{n}{A\!\left(\dfrac{\Delta x}{\bar{v}}\right)} = D\frac{\partial \nu}{\partial x}$$

또는

$$\nu\bar{v} = D\frac{\partial \nu}{\partial x} \tag{4-3-5}$$

이다. 부유 입자를 움직이게 하는 것은 물과의 마찰력이다. 부유 입자
가 물에 작용하는 힘과 물이 부유 입자에 작용하는 힘의 크기는 같다.
따라서 부유 입자를 반지름이 P인 공 모양이라고 하면 스토크스의 법
칙에 따라

$$\text{(마찰력의 크기)} = K = 6\pi k P \bar{v}$$

이다. 이때 k는 유체의 점성계수이다. 그러므로 식 (4-3-5)는

$$\nu\!\left(\frac{K}{6\pi kP}\right) = D\frac{\partial \nu}{\partial x} \tag{4-3-6}$$

가 된다. 식 (4-3-4)를 이용하면 위 식은

$$\left(\frac{1}{6\pi kP}\right)\frac{RT}{N_A}\frac{\partial \nu}{\partial x} = D\frac{\partial \nu}{\partial x}$$

세상에서 가장 쉬운 과학 수업 브라운 운동

또는

$$D = \left(\frac{1}{6\pi kP}\right)\frac{RT}{N_A}$$
(4-3-7)

로 쓸 수 있다.

논문 속으로 Ⅲ _ 확산 방정식과의 연관성

정교수   아인슈타인은 논문의 마지막에서 무작위 운동(random motion)을 이용해 브라운 운동이 확산 방정식과 관련된다는 것을 보였다네.

물리군   무작위 운동이 뭐죠?

정교수   입자가 어디로 갈지 모른다는 뜻으로 생각하면 돼.

아인슈타인은 다음 그림과 같이 단면적이 아주 작은 원통에서 확산 입자가 운동하는 경우를 가정했다. 단면적이 작으므로 이 문제는 일차원 운동으로 생각할 수 있다. 즉, 확산 입자는 오른쪽 또는 왼쪽으로 움직인다.

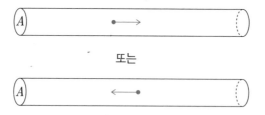

또는

아인슈타인은 시간 간격을 τ로 두고 이 시간이 경과한 후에 확산 입자의 위치를 고려했다. 즉, 시각 t일 때와 $t + \tau$일 때 입자의 위치를 생각해야 한다. 이러한 시간 간격 동안 확산 입자가 이동한 변위를 Δ라고 하자. Δ는 양수일 수도 있고 음수일 수도 있다. 게다가 확산 입자가 많이 움직일 수도 있고 적게 움직일 수도 있으므로 Δ의 범위는 $-\infty$부터 ∞까지이다.

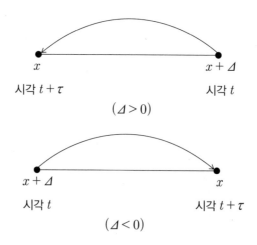

입자의 위치를 나타내는 좌표를 x, 확산 입자의 총 개수를 n이라고 하자. 확산이 일어날 때 시각 t, 위치 x에서의 확산 입자 수를 f라고 하면 이것은 x와 t에 의존한다.

(시각 t, 위치 x에서의 확산 입자 수) $= \nu = f(x, t)$ $\qquad$ (4-4-1)

아인슈타인은 시각 t일 때 $x + \Delta$에 있던 입자들이 시각 $t + \tau$일 때 x에 있을 확률밀도함수를

$$\varphi(\Delta)$$

로 놓았다. Δ의 범위는 $-\infty$부터 ∞까지이고 확률의 총합은 1이므로

$$\int_{-\infty}^{\infty} \varphi(\Delta) d\Delta = 1 \qquad (4\text{-}4\text{-}2)$$

이 성립한다. 아인슈타인은 이 확률이 Δ의 부호와는 관계없이 Δ의 절댓값에만 의존한다고 생각했다. 따라서

$$\varphi(-\Delta) = \varphi(\Delta)$$

를 만족한다. 즉, 이동하는 거리만 같으면 확률이 같다.

물리군　φ는 우함수이군요.

정교수　맞아. 아인슈타인은 시각 $t + \tau$, 위치 x에서의 확산 입자 수 ($f(x, t + \tau)$)는 시각 t일 때 $x + \Delta$에서의 확산 입자 수($f(x + \Delta, t)$) 에 시각 t일 때 $x + \Delta$에 있던 입자들이 시각 $t + \tau$일 때 x에 있을 확

률($\varphi(\varDelta)$)을 곱한 다음 모두 더해서 구할 수 있다고 생각했어.

$\varDelta$가 연속적으로 변하니까 이러한 덧셈은 적분으로 표현한다. 즉, 다음과 같다.

$$f(x, t+\tau) = \int_{-\infty}^{\infty} f(x+\varDelta, t)\, \varphi(\varDelta)\, d\varDelta \qquad (4\text{-}4\text{-}3)$$

이제 τ가 아주 작은 경우를 생각하자. 이 경우 우리는 테일러 근사를 사용할 수 있다. 아인슈타인은 τ가 아주 작을 때 테일러 근사식

$$f(x, t+\tau) = f(x, t) + \tau \frac{\partial f}{\partial t} \qquad (4\text{-}4\text{-}4)$$

를 얻었다. τ가 아주 작으면 $\varDelta$도 아주 작으므로 테일러 근사에 의해

$$f(x+\varDelta, t) = f(x, t) + \varDelta \frac{\partial f}{\partial x} + \frac{\varDelta^2}{2} \frac{\partial^2 f}{\partial x^2} \qquad (4\text{-}4\text{-}5)$$

이 된다. 따라서

$$\int_{-\infty}^{\infty} f(x+\varDelta, t)\, \varphi(\varDelta)\, d\varDelta$$

$$= \int_{-\infty}^{\infty} f(x, t)\, \varphi(\varDelta)\, d\varDelta + \int_{-\infty}^{\infty} \frac{\partial f}{\partial x} \varDelta \varphi(\varDelta)\, d\varDelta + \int_{-\infty}^{\infty} \frac{\partial^2 f}{\partial x^2} \frac{\varDelta^2}{2} \varphi(\varDelta)\, d\varDelta$$

$$= f(x, t) \int_{-\infty}^{\infty} \varphi(\varDelta)\, d\varDelta + \frac{\partial f}{\partial x} \int_{-\infty}^{\infty} \varDelta \varphi(\varDelta)\, d\varDelta + \frac{\partial^2 f}{\partial x^2} \int_{-\infty}^{\infty} \frac{\varDelta^2}{2} \varphi(\varDelta)\, d\varDelta$$

$$(4\text{-}4\text{-}6)$$

세상에서 가장 쉬운 과학 수업 브라운 운동

이다. 여기서

$$\int_{-\infty}^{\infty} \Delta \varphi(\Delta) \, d\Delta$$

를 보자. $\varphi(\Delta)$는 우함수이고 Δ는 기함수이므로 $\Delta \varphi(\Delta)$는 기함수이다. 임의의 수 A에 대해

$$\int_{-A}^{A} (\text{기함수}) = 0$$

이므로

$$\int_{-\infty}^{\infty} \Delta \varphi(\Delta) \, d\Delta = 0$$

이다.

$$\int_{-\infty}^{\infty} \frac{\Delta^2}{2} \varphi(\Delta) \, d\Delta = \alpha \quad (\alpha \text{는 상수})$$

로 놓으면

$$\int_{-\infty}^{\infty} f(x+\Delta, t) \varphi(\Delta) \, d\Delta = f(x, t) + \alpha \frac{\partial^2 f}{\partial x^2} \tag{4-4-7}$$

이다. 따라서 식 (4-4-3)은

$$f(x, t) + \tau \frac{\partial f}{\partial t} = f(x, t) + \alpha \frac{\partial^2 f}{\partial x^2} \tag{4-4-8}$$

이 되어

$$\tau \frac{\partial f}{\partial t} = \alpha \frac{\partial^2 f}{\partial x^2}$$

또는

$$\frac{\partial f}{\partial t} = \frac{\alpha}{\tau} \frac{\partial^2 f}{\partial x^2} \qquad (4-4-9)$$

이다. 이것과 피크의 확산 방정식을 비교하면

$$\frac{\alpha}{\tau} = D \qquad (4-4-10)$$

또는

$$\frac{1}{\tau} \int_{-\infty}^{\infty} \frac{\Delta^2}{2} \varphi(\Delta) d\Delta = D$$

이다. 즉, 확산 방정식은

$$\frac{\partial f}{\partial t} = D \frac{\partial^2 f}{\partial x^2} \qquad (4-4-11)$$

임을 알 수 있다.

물리군 시각 t, 위치 x에서의 확산 입자 수를 구할 수 있나요?

정교수 그러려면 확산 방정식 (4-4-11)을 풀어야 해.

물리군   이 방정식도 아인슈타인이 풀었나요?

정교수   아니. 확산 방정식을 처음 푼 사람은 오스트리아의 물리학자 슈테판(Josef Stefan, 1835~1893)이야.

이제 식 (4-4-11)을 풀어 보자. 시각 t, 위치 x에서의 확산 입자 수가 $f(x, t)$이므로 모든 위치에서의 입자 수를 더하면 전체 입자 수가 나와야 한다. 이것은

$$\int_{-\infty}^{\infty} f(x, t)dx = n \tag{4-4-12}$$

을 의미한다. 식 (4-4-12)의 해를 다음과 같이 놓자.

$$f(x, t) = C t^{\alpha} F(\eta) \tag{4-4-13}$$

여기서 C는 상수이고

$$\eta = \frac{x^2}{4Dt} \tag{4-4-14}$$

으로 두면

$$\frac{\partial \eta}{\partial t} = -\frac{x^2}{4Dt^2} = -\frac{1}{t}\eta \tag{4-4-15}$$

$$\frac{\partial \eta}{\partial x} = \frac{2x}{4Dt} = \frac{2}{x}\eta \tag{4-4-16}$$

를 얻는다. 한편

$$\frac{\partial f}{\partial t} = \frac{\partial}{\partial t}\left(Ct^{\alpha}F(\eta)\right)$$

$$= C\left[\alpha t^{\alpha-1}F + t^{\alpha}\frac{\partial F}{\partial \eta}\frac{\partial \eta}{\partial t}\right]$$

$$= C\left[\alpha t^{\alpha-1}F - \eta t^{\alpha-1}\frac{\partial F}{\partial \eta}\right] \qquad (4\text{-}4\text{-}17)$$

이고 같은 방법으로

$$\frac{\partial f}{\partial x} = \frac{\partial}{\partial x}\left(Ct^{\alpha}F(\eta)\right)$$

$$= Ct^{\alpha}\frac{\partial F}{\partial \eta}\frac{\partial \eta}{\partial x}$$

$$= 2Ct^{\alpha}\frac{1}{x}\eta\frac{\partial F}{\partial \eta} \qquad (4\text{-}4\text{-}18)$$

와

$$\frac{\partial^2 f}{\partial x^2} = 2Ct^{\alpha}\left[-\frac{1}{x^2}\eta\frac{\partial F}{\partial \eta} + \frac{1}{x}\frac{\partial}{\partial \eta}\left(\eta\frac{\partial F}{\partial \eta}\right)\frac{2}{x}\eta\right]$$

$$= \frac{Ct^{\alpha}}{2Dt}\left[\frac{\partial F}{\partial \eta} + 2\eta\frac{\partial^2 F}{\partial \eta^2}\right] \qquad (4\text{-}4\text{-}19)$$

을 얻는다. 식 (4-4-17)과 (4-4-19)를 확산 방정식에 넣으면

$$\frac{1}{2}\frac{\partial F}{\partial \eta} + \eta\frac{\partial^2 F}{\partial \eta^2} = \alpha F - \eta\frac{\partial F}{\partial \eta}$$

또는

$$\eta \frac{\partial}{\partial \eta}\left(\frac{\partial F}{\partial \eta} + F\right) + \frac{1}{2}\left(\frac{\partial F}{\partial \eta} - 2\alpha F\right) = 0 \qquad (4\text{-}4\text{-}20)$$

이 된다. 여기서 $\alpha = -\frac{1}{2}$ 을 택하면 식 (4-4-20)은

$$\frac{\partial F}{\partial \eta} + F = 0 \qquad (4\text{-}4\text{-}21)$$

일 때 만족한다.

$$\frac{\partial}{\partial \eta} e^{-\eta} = -e^{-\eta}$$

이므로 식 (4-4-21)의 해는

$$F = e^{-\eta}$$

이다. 따라서 확산 방정식의 해는

$$f(x, t) = \frac{C}{\sqrt{t}} e^{-\eta} = \frac{C}{\sqrt{t}} e^{-\frac{x^2}{4Dt}} \qquad (4\text{-}4\text{-}22)$$

이 된다. 아인슈타인은 슈테판의 해에 조건 (4-4-12)를 추가해

$$f(x, t) = \frac{n}{\sqrt{4\pi Dt}} e^{-\frac{x^2}{4Dt}} \qquad (4\text{-}4\text{-}23)$$

을 얻었다. 다음 그림은 $t = 1$일 때 f의 모습이다. 실선은 $D = 0.1$, 점선은 $D = 0.5$를 나타낸다.

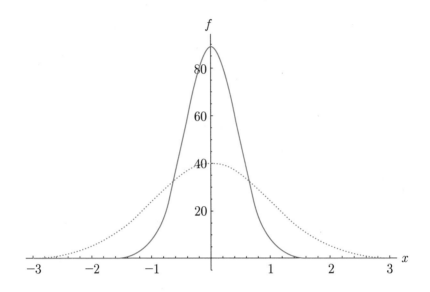

다음 그림은 $x = 0.1$일 때 f의 모습이다. 실선은 $D = 0.1$, 점선은 $D = 0.2$를 나타낸다.

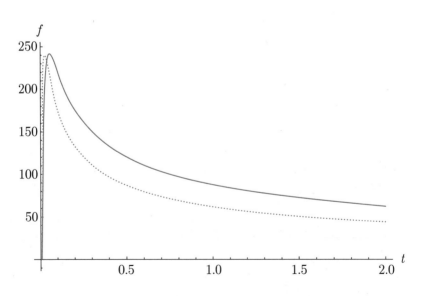

세상에서 가장 쉬운 과학 수업 브라운 운동

아인슈타인은 식 (4-4-23)을 이용해 x의 분산을 구했다. 분산은

$$V_x = 2Dt$$

이고 표준편차는

$$\sigma_x = \sqrt{<x^2>} = \sqrt{2Dt}$$

인 관계를 얻었다. 이것은 표준편차가 $\sqrt{t}$에 비례함을 의미한다. 이렇게 구한 표준편차를 아인슈타인은 평균이동변위라고 불렀다.

아인슈타인은 식 (4-3-7)을 이용해 온도가 T일 때 부유 입자의 평균이동변위를 다음과 같이 썼다.

$$\sigma_x = \sqrt{<x^2>} = \sqrt{\frac{RT}{3\pi kPN_A}}\sqrt{t}$$

예를 들어 부유 입자를 지름 0.001mm의 공 모양이라 하고, 17℃의 물속($k = 1.35 \times 10^{-2}$)을 움직인다고 하면

$$\sigma_x = \sqrt{<x^2>} = 8 \times 10^{-5}(\text{cm})$$

이다.

다섯 번째 만남

●

브라운 운동을 연구한 과학자들

스몰루호프스키의 랜덤워크 _ 술 취한 사람의 맘대로 걷기

정교수   아인슈타인이 확산 방정식을 이용해 브라운 운동을 완벽하게 설명하자 물리학자들의 관심이 여기에 쏠렸다네. 1906년 스몰루호프스키는 브라운 운동을 술 취한 사람의 맘대로 걷기 운동으로 해석했어. 그에 대해 자세히 알아보겠네.

스몰루호프스키(Marian Smoluchowski, 1872~1917)

스몰루호프스키는 오스트리아 빈 근처의 보더브뤌에서 태어났다. 그는 빈 대학에서 슈테판 교수로부터 물리학을 배웠다. 이후 파리 대학교, 글래스고 대학교, 베를린 대학교 등에서 연구하다가 1899년 폴란드의 르비우 대학교(현 우크라이나)에 자리를 잡았다. 1906년부터 1907년까지는 폴란드 코페르니쿠스 자연주의자 협회 회장을 역임했다.

그는 오랫동안 자신을 후계자로 생각했던 아우구스트 비트코프스키의 뒤를 이어 실험물리학과 의장직을 맡기로 했다. 그래서 1913년

세상에서 가장 쉬운 과학 수업 브라운 운동

르비우 대학교(출처: Prymasal/Wikimedia Commons)

크라쿠프로 옮겨 실험물리학을 강의했다. 그는 스키, 등산, 그림 그리기, 피아노 연주를 즐기면서 소심하지만 겸손하고 순수한 학자로 살았다.

1906년에 그는 아인슈타인의 브라운 운동 논문을 살펴보았다. 이 논문에서 그가 가장 관심이 있었던 부분은 4절에 나오는 랜덤 운동이었다. 아인슈타인은 부유 입자의 랜덤 운동을 가지고 브라운 운동을 확산 현상으로 묘사했다. 스몰루호프스키는 이 문제를 곱씹어 보았다. 그는 술에 취한 사람이 방향감각을 잃어 이리저리 걷듯이 입자들의 운동을 아무렇게나 움직이는 것으로 묘사한다면 브라운 운동을 설명할 수 있을 거로 생각했다. 이러한 운동을 랜덤워크(random walk) 운동이라고 부른다.

스몰루호프스키는 문제를 단순화하여 일차원에서 움직이는 술 취한 사람의 운동처럼 일차원에서 확산하는 입자의 운동은 오른쪽 또는 왼쪽으로 움직인다고 생각했다. 그는 입자의 확산 문제를 입자가 오른쪽 또는 왼쪽으로 움직일 확률로 다루고자 했다.

우선 일차원에서 술 취한 사람이 한 번에 한 걸음씩 왼쪽 또는 오른쪽으로 움직인다고 가정했다. 한 걸음의 길이를 a, 처음 위치를 원점으로 택하면 이 사람의 위치를 다음 그림과 같이 나타낼 수 있다.

한 걸음씩 오른쪽으로 움직일 확률과 왼쪽으로 움직일 확률이 $\frac{1}{2}$로 같다고 하자. 랜덤워크 운동에서 이 사람이 n번 중 오른쪽으로 k번 움직일 확률을 $P(n, k)$라고 하면

$$P(n, k) = {}_nC_k \left(\frac{1}{2}\right)^n \qquad\qquad (5\text{-}1\text{-}1)$$

으로 나타낼 수 있다. 이것은 첫 번째 만남에서 공부한 $p = \frac{1}{2}$ 인 경우의 이항분포이다. 확률의 총합은 1이므로

$$\sum_{k=0}^{n} P(n, k) = 1 \qquad\qquad (5\text{-}1\text{-}2)$$

이다.

한편 n번 중 오른쪽으로 k번 움직이면 $(n-k)$번 왼쪽으로 움직인 것이 된다. k번 오른쪽으로 움직이고 $(n-k)$번 왼쪽으로 움직인 후 이 사람의 위치를 x라고 하면

$$x = ka - (n-k)a = (2k-n)a \qquad\qquad (5\text{-}1\text{-}3)$$

이다. 따라서 x의 기댓값은

$$<x> = (2<k> - n)a = 0 \qquad\qquad (5\text{-}1\text{-}4)$$

이 된다. 여기서는 첫 번째 만남에서 공부한

$$<k> = \frac{n}{2}$$

을 이용했다. 또한

$$\langle x^2 \rangle = (4\langle k^2 \rangle - 4n\langle k \rangle + n^2)a^2$$

이고

$$\langle k^2 \rangle - \langle k \rangle^2 = \frac{1}{4}n$$

이므로

$$\langle x^2 \rangle = na^2 \qquad\qquad\qquad (5\text{-}1\text{-}5)$$

이 된다. 그러므로 x의 표준편차는

$$\sigma_x = \sqrt{n}\,a \qquad\qquad\qquad (5\text{-}1\text{-}6)$$

이다.

물리군 표준편차가 $\sqrt{n}$에 비례한다는 것이 무엇을 뜻하죠?

정교수 그 의미를 알려면 n이 시간을 나타낸다는 것을 이해해야 해.

한 번의 시간 간격을 τ라 하고 n번의 시간 간격이 지난 후의 시각을 t라고 하면

$$t = n\tau \qquad\qquad\qquad (5\text{-}1\text{-}7)$$

로 쓸 수 있다. 즉,

$$\sigma_x^2 = \frac{a^2}{\tau} t \qquad\qquad (5\text{-}1\text{-}8)$$

이므로 아인슈타인의 관계식과 비교하면

$$D = \frac{a^2}{\tau} \qquad\qquad (5\text{-}1\text{-}9)$$

이다.

물리군 확산과 랜덤워크는 똑같이 브라운 운동을 묘사하는군요. 하지만 랜덤워크는 이산확률분포를 따르고 확산은 연속확률분포를 따르네요.

정교수 좋은 지적이야. 랜덤워크에서 a와 τ를 0에 가까울 만큼 작게 택하면 연속적인 운동을 나타낼 수 있어.

랜덤워크에서 확산 운동으로 _ 결국 같은 결과

정교수 그럼 스몰루호프스키의 랜덤워크 모형과 아인슈타인의 논문이 동일한 내용이라는 걸 보여주겠네.

식 (5-1-3)에서

$$x = Xa$$

라고 두면

$$X = 2k - n$$

이 된다. 그러므로

$$k = \frac{n+X}{2}$$

$$n - k = \frac{n-X}{2}$$

이다. 이때 $P(n, k)$를 $P(X, n)$이라고 쓰면

$$P(X, n) = \frac{n!}{\left(\dfrac{n+X}{2}\right)!\left(\dfrac{n-X}{2}\right)!}\left(\frac{1}{2}\right)^n$$

이 된다. n이 아주 큰 경우를 생각하고 스털링 공식을 사용하면

$$P(X, n) = \frac{n^n e^{-n}(2\pi n)^{\frac{1}{2}} 2^{-n}}{\left(\dfrac{n+X}{2}\right)^{\frac{n+X}{2}} e^{-\left(\frac{n+X}{2}\right)}\left[2\pi\left(\dfrac{n+X}{2}\right)\right]^{\frac{1}{2}}\left(\dfrac{n-X}{2}\right)^{\frac{n-X}{2}} e^{-\left(\frac{n-X}{2}\right)}\left[2\pi\left(\dfrac{n-X}{2}\right)\right]^{\frac{1}{2}}}$$

$$= \frac{n^n(2\pi n)^{\frac{1}{2}}}{(n+X)^{\frac{n+X}{2}}(n-X)^{\frac{n-X}{2}}\pi(n^2-X^2)^{\frac{1}{2}}}$$

$$= \frac{n^n(2\pi n)^{\frac{1}{2}}}{n^{\frac{n+X}{2}}\left(1+\dfrac{X}{n}\right)^{\frac{n+X}{2}} n^{\frac{n-X}{2}}\left(1-\dfrac{X}{n}\right)^{\frac{n-X}{2}}\pi n\left(1-\dfrac{X^2}{n^2}\right)^{\frac{1}{2}}}$$

$$= \frac{(2\pi n)^{\frac{1}{2}}}{\left(1 + \frac{X}{n}\right)^{\frac{n+X}{2}} \left(1 - \frac{X}{n}\right)^{\frac{n-X}{2}} \pi n \left(1 - \frac{X^2}{n^2}\right)^{\frac{1}{2}}}$$

$$= \sqrt{\frac{2}{\pi n}} \left[\frac{1}{\left(1 - \frac{X^2}{n^2}\right)^{\frac{n}{2}} \left(1 + \frac{X}{n}\right)^{\frac{X}{2}} \left(1 - \frac{X}{n}\right)^{-\frac{X}{2}} \left(1 - \frac{X^2}{n^2}\right)^{\frac{1}{2}}} \right]$$

이다. 이제

$$y = \left(1 - \frac{X^2}{n^2}\right)^{\frac{n}{2}} \left(1 + \frac{X}{n}\right)^{\frac{X}{2}} \left(1 - \frac{X}{n}\right)^{-\frac{X}{2}} \left(1 - \frac{X^2}{n^2}\right)^{\frac{1}{2}}$$

이라고 두자. 양변에 로그를 취하면

$$\ln y = \frac{n}{2}\ln\left(1 - \frac{X^2}{n^2}\right) + \frac{X}{2}\ln\left(1 + \frac{X}{n}\right) - \frac{X}{2}\ln\left(1 - \frac{X}{n}\right) + \frac{1}{2}\ln\left(1 - \frac{X^2}{n^2}\right)$$

이 된다. n이 무한대에 가까워지는 경우 $\frac{1}{n}$은 아주 작은 값이 되므로 로그에 대한 테일러 전개를 이용하면

$$\ln y \approx \frac{X^2}{2n}$$

이다. 즉,

$$y \approx e^{\frac{X^2}{2n}}$$

이다. 그러므로

$$P(X, n) = Ce^{-\frac{X^2}{2n}}$$

이 된다. 여기서 C는 확률의 총합이 1이 되게 하는 상수이다. 이제

$$n\tau = t$$

$$Xa = x$$

라고 하면

$$P(X, n) = P(x, t) = Ce^{-\frac{X^2}{2n}} = Ce^{-\frac{x^2}{2\left(\frac{a^2}{\tau}\right)t}} = Ce^{-\frac{x^2}{2Dt}}$$

이 되어 아인슈타인의 결과와 일치한다.

랑주뱅과 마리 퀴리 _ 두 물리학자의 스캔들

정교수 브라운 운동을 뉴턴의 운동방정식으로 깔끔하게 묘사한 사람은 프랑스의 랑주뱅이야. 그의 일생을 먼저 살펴보세.

랑주뱅은 파리에서 태어나 물리화학학교와 고등사범학교에서 공부했다. 그 후 영국 케임브리지 대학의 캐번디시로 가서 전자를 발견한 톰슨의 지도를 받았다. 그는 1902년에 파리 소르본 대학으로 돌아

랑주뱅(Paul Langevin, 1872~1946,
출처: Cambridge university photographer/Wikimedia Commons)

랑주뱅과 아인슈타인(앞줄)

와 피에르 퀴리로부터 박사 학위를 받고, 1904년에 콜레주 드 프랑스
의 물리학 교수가 되었다.

피에르 퀴리의 지도로 자성을 연구한 랑주뱅의 가장 잘 알려진 업

적은 피에르 퀴리의 압전 효과로부터 초음파를 활용하기 시작한 것이었다. 그는 제1차 세계대전 중에 초음파를 사용하여 독일군의 잠수함을 탐지하는 방법을 연구했다. 또한 아인슈타인의 상대성이론을 처음으로 프랑스 학자들에게 소개했으며, 그 유명한 쌍둥이 역설을 제기했다.

1898년 랑주뱅은 에마 잔 데스포스와 결혼하여 네 자녀를 두었다. 나치즘을 노골적으로 반대했던 그는 나치 독일이 국가를 점령한 후 친나치 정부에 의해 직위에서 해임되었다가 1944년에 복직했다.

그는 노벨상을 두 번 받은 마리 퀴리와의 스캔들로 유명하다. 마리 퀴리보다 5살 어린 랑주뱅은 큰 키에 군인다운 태도와 날카로운 눈매, 단정하게 빗은 머리, 세련된 콧수염의 소유자였다. 그는 물리학자이면서 동시에 뛰어난 수학자였다.

1906년 4월 남편 피에르가 마차에 치여 죽은 후 마리 퀴리는 피에르의 제자인 랑주뱅과 실험실에서 함께 일했다. 마리 퀴리는 훗날 브라운 운동으로 노벨 물리학상을 수상하는 장 페랭(Jean Perrin)과 그의 아내 앙리에트(Henriette Perrin) 및 고등사범학교 학장인 에밀 보렐 부부와 자주 모여 물리와 수학에 대해 토론했다.

랑주뱅은 마리 퀴리의 강의 준비를 도우며, 자신의 결혼 생활의 불행에 대해 조언을 구했다. 그러던 중 그는 마리 퀴리에게 마음이 끌렸다. 마리 퀴리가 랑주뱅을 연구의 동반자나 소울메이트 정도로 생각했는지 아니면 마리 퀴리 역시 랑주뱅에게 애정을 가졌는지에 대해서는 정확히 알려진 기록이 없다.

하지만 랑주뱅의 아내 잔 데스포스는 남편과 마리 퀴리의 관계를 의심해, 마리 퀴리를 죽이겠다고 위협하며 분노했다. 장 페랭이 나서서 진정시켰지만 잔은 여동생과 함께 마리 퀴리의 아파트 근처에서 기다렸고, 마리 퀴리가 지나가자 즉시 프랑스를 떠나거나 죽으라고 소리쳤다. 랑주뱅은 마리 퀴리에게 아내가 당신을 죽일지도 모르니 프랑스를 떠나 있으라고 조언했지만 마리 퀴리는 이를 거부했다.

1911년 봄, 헤어질 수 없었던 두 사람은 랑주뱅의 파리 임대 아파트에서 비밀리에 만났다. 하지만 마리 퀴리는 랑주뱅의 아내가 염탐하고 있을지도 모른다고 걱정했다. 둘이 주고받은 편지는 랑주뱅의 아내가 모두 가지고 간 상태였다. 이 사실을 안 랑주뱅은 이혼을 결심하고 집을 떠나 여행길에 올랐다. 마리 퀴리는 당시의 심정을 앙리에트에게 편지로 보냈다.

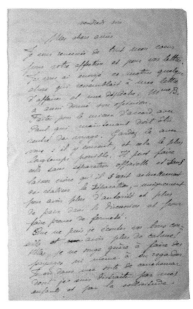

마리 퀴리가 앙리에트에게 보낸 편지

마리 퀴리는 1911년 브뤼셀에서 열린 솔베이 회의에 참석해 랑주뱅을 다시 만났다. 회의 중 마리 퀴리는 노벨상 수상 위원회로부터 두 번째 노벨상, 이번에는 화학 분야의 유일한 수상자가 되었다는 전보를 받았다.

마리 퀴리와 랑주뱅의 관계를 실은 언론 기사(출처: Jean-Pierre Dalbéra/ Wikimedia Commons)

파리로 돌아온 마리 퀴리는 랑주뱅과의 스캔들로 언론의 뭇매를 맞았다. 집은 매일 그를 비난하는 사람들로 둘러싸여 있었고 성난 시민들이 창문에 돌을 던지곤 했다. 마리 퀴리는 두 딸을 데리고 보렐 부부의 집으로 피신했다.

스캔들 기사를 접한 노벨상 수상 위원회는 마리 퀴리에게 노벨상을 받으러 스웨덴에 오는 것을 자제해 줄 것을 요청했다. 하지만 아인슈타인은 마리 퀴리에게 노벨상 수상식에 참석할 것을 부탁했고, 마리 퀴리는 스웨덴으로 가 그의 두 번째 노벨상인 노벨 화학상을 받았다.

물리군 마리 퀴리에게 스캔들이 있었다는 것은 처음 알았어요. 어릴 때 읽은 전기에는 그런 내용이 없었거든요.

정교수 어린이들에게 교육상 좋지 않은 내용이라서 아마 뺐을 거야.

물리군 이런 숨은 이야기가 있었다니 신기하네요.

미분방정식 _ 미분이 들어 있는 방정식

정교수 랑주뱅의 논문을 이해하려면 미분방정식을 알 필요가 있어.

물리군 미분방정식은 생소한 용어인데요.

정교수 미분이 들어 있는 방정식을 미분방정식이라고 부르지. 예를 들어 다음과 같은 방정식을 보게.

$$\frac{dy}{dx} = 2 \tag{5-4-1}$$

이 방정식에서 y는 어떻게 구할까?

물리군 적분하면 되니까

$$y = 2x + C \tag{5-4-2}$$

예요. C는 적분상수이고요.

정교수 잘했어. 식 (5-4-1)을 보면 미분이 들어 있지? 그리고 방정식이지? 그러니까 이 식은 미분방정식이야. 이때 (5-4-2)를 미분방정식의 해라고 한다네.

물리군 조금 더 복잡한 미분방정식을 푸는 방법을 알려주세요.

정교수 그럴까? e^{ax}을 x로 미분하면 어떻게 되지?

물리군 $(e^{ax})' = ae^{ax}$이에요.

정교수 좋아. 그럼 다음 미분방정식을 보게.

$$\frac{dy}{dx} = ay \tag{5-4-3}$$

이 미분방정식의 해는 뭘까?

물리군 $(e^{ax})' = ae^{ax}$ 이니까

$$y = e^{ax}$$

이 되겠네요.

정교수 $2e^{ax}$ 을 미분하면?

물리군 $2ae^{ax}$ 이에요.

정교수 그러니까

$$(2e^{ax})' = a(2e^{ax})$$

이므로 $y = 2e^{ax}$ 도 미분방정식 (5-4-3)의 해가 돼.

물리군 $y = 3e^{ax}$, $y = 4e^{ax}$ 도 해가 되네요? 이런 식이라면 해가 무수히 많이 생기는군요.

정교수 맞아. 정리하면 미분방정식 (5-4-3)의 해는 다음과 같이 쓸 수 있어.

$$y = Ce^{ax} \quad (C는 상수) \tag{5-4-4}$$

물리군 상수는 어떻게 결정하죠?

정교수 어떤 조건을 주면 돼. 예를 들어 $x = 0$ 일 때 $y = 1$ 이라는 조건을 주면 $C = 1$ 이지.

물리군   그렇군요.

정교수   이번에는 좀 더 어려운 미분방정식을 살펴볼까?

$$\frac{dy}{dx} = ay + b \tag{5-4-5}$$

여기서 a, b는 상수야.

물리군   이건 어떻게 푸나요?

정교수   차근차근 풀어 보기로 하세.

미분방정식 (5-4-5)에서 $b = 0$이면 해는

$$y = Ce^{ax}$$

이다. 이제 해를

$$y = Ce^{ax} + K \tag{5-4-6}$$

라고 놓자. 여기서 K는 어떤 수이다. 그러면

$$\frac{dy}{dx} = aCe^{ax} \tag{5-4-7}$$

이 된다. 식 (5-4-6)에서

$$Ce^{ax} = y - K \tag{5-4-8}$$

이다. 이 식을 식 (5-4-7)에 넣으면

$$\frac{dy}{dx} = ay - aK$$

가 된다. 이 식과 식 (5-4-5)를 비교하면

$$-aK = b$$

이므로

$$K = -\frac{b}{a}$$

가 된다. 따라서 미분방정식 (5-4-5)의 해는

$$y = Ce^{ax} - \frac{b}{a}$$

이다.

물리군 생각보다 어렵지 않네요.

정교수 아주 쉬운 미분방정식만 살펴봐서 그래.

물리군 미분방정식은 누가 처음 연구했어요?

정교수 미분을 발견한 뉴턴이 최초로 미분방정식을 생각했어. 그는 1671년 미분방정식을 처음 알아냈고, 1736년 출판된 책 《유율법(Method of Fluxions)》에 그 내용을 수록했지.

《유율법》

랑주뱅 방정식 _ 뉴턴의 운동방정식으로 설명하다

정교수 자! 이제 사연 많은 랑주뱅의 논문 속으로 들어가 볼까?

물리군 브라운 운동을 아인슈타인은 확산, 스몰루호프스키는 랜덤 워크로 표현했잖아요? 랑주뱅은 어떤 방법으로 설명했나요?

정교수 랑주뱅은 브라운 운동을 뉴턴의 운동방정식으로 해석했어. 그 내용을 자세히 설명하겠네.

랑주뱅은 브라운 운동을 일으키는 질량 m인 입자에 대해 뉴턴의 운동방정식을 생각했다. 이 입자는 유체의 저항을 받으며 그 저항은 스토크스의 법칙을 따른다. 랑주뱅은 이 힘 외에 입자에 랜덤하게 작용하는 힘이 있다고 보았다. 그는 이 랜덤하게 작용하는 힘을 X로 도

입했다. 그러므로 이 입자의 운동방정식은

$$ma = -6\pi kPv + X \qquad (5\text{-}5\text{-}1)$$

이다. 여기서 a는 가속도, v는 속도이며 뉴턴 역학으로부터

$$v = \frac{dx}{dt}$$

$$a = \frac{d^2x}{dt^2}$$

이 된다. 이때 x는 물체의 위치이다. 식 (5-5-1)을 다시 쓰면

$$m\frac{d^2x}{dt^2} = -6\pi kP\frac{dx}{dt} + X \qquad (5\text{-}5\text{-}2)$$

이다. 랑주뱅은 이 식의 양변에 x를 곱했다.

$$mx\frac{d^2x}{dt^2} = -6\pi kPx\frac{dx}{dt} + xX \qquad (5\text{-}5\text{-}3)$$

여기서 다음과 같은 식을 생각하자.

$$\frac{d}{dt}x^2 = 2x\frac{dx}{dt}$$

$$\frac{d^2}{dt^2}x^2 = 2\frac{dx}{dt}\frac{dx}{dt} + 2x\frac{d^2x}{dt^2}$$

이 두 식을 이용하면

$$x\frac{d^2x}{dt^2} = \frac{1}{2}\frac{d^2}{dt^2}x^2 - \left(\frac{dx}{dt}\right)^2 \tag{5-5-4}$$

이다. 따라서 식 (5-5-3)은

$$\frac{1}{2}m\frac{d^2}{dt^2}x^2 - mv^2 = -3\pi kP\frac{d}{dt}x^2 + xX \tag{5-5-5}$$

가 된다. 이 식에서

$$y = \frac{d}{dt}x^2$$

이라고 두면

$$\frac{1}{2}m\frac{dy}{dt} - mv^2 = -3\pi kPy + xX \tag{5-5-6}$$

이다. 온도 T일 때 식 (5-5-6)에 기댓값을 취하고

$$<y> = z = <\frac{d}{dt}x^2> \tag{5-5-7}$$

으로 놓으면

$$\frac{1}{2}m\frac{dz}{dt} - m<v^2> = -3\pi kPz + <xX> \tag{5-5-8}$$

이다. X가 랜덤하게 작용하는 힘으로 xX의 기댓값은 0이 되어

$$\frac{1}{2}m\frac{dz}{dt} + 3\pi kPz = \frac{RT}{N_A} \tag{5-5-9}$$

이다. 이 식은 미분방정식이다. 이것을 풀면

$$z = \frac{RT}{N_A} \frac{1}{3\pi kP} + Ce^{-\frac{6\pi kP}{m}t}$$

이다. 시간이 충분히 흐르면 $e^{-\frac{6\pi kP}{m}t}$ 은 0에 가까워지기 때문에

$$z = \frac{RT}{N_A} \frac{1}{3\pi kP}$$

이 된다. 이제 기댓값을 구하자. 여기서 기댓값은 시간과 관계없으므로

$$<z> = <\frac{d}{dt}x^2> = \frac{d}{dt}<x^2>$$

이다. 따라서

$$\frac{d}{dt}<x^2> = \frac{RT}{N_A} \frac{1}{3\pi kP}$$

이므로

$$<x^2> = \frac{RT}{N_A} \frac{1}{3\pi kP} t$$

가 된다. 즉, $<x^2>$은 시간에 비례한다.

페랭의 아보가드로수 결정 _ 엄청나게 큰 수를 헤아리다

정교수   이제 브라운 운동을 이용해서 아보가드로수를 결정하고 노
벨 물리학상을 받은 페랭의 이야기를 들려줄게.

페랭(Jean Baptiste Perrin, 1870~1942,
1926년 노벨 물리학상 수상)

　페랭은 프랑스 릴에서 태어났고 파리의 고등사범학교에 다녔다.
이 학교는 우수한 학부생 및 대학원생을 대상으로 엘리트 고등교육
을 실시하는 대학원 과정의 교육기관이자 권위 있는 연구 센터이다.

　그는 1894년부터 1897년까지 음극선과 X선을 연구했다. 그리고
1897년에 박사 학위를 받아 같은 해 파리 소르본 대학의 물리화학 강
사가 되었다. 1910년에는 이 대학의 교수가 되어 제2차 세계대전 중
독일이 프랑스를 점령할 때까지 이 직책을 맡았다.

　1895년 페랭은 음극선이 본질적으로 음전하를 띤다는 것을 보였

다. 그는 여러 가지 방법으로 아보가드로수를 결정했다. 1905년 아인슈타인이 원자의 관점에서 브라운 운동에 대한 이론적 설명을 발표한 후 페랭은 아인슈타인의 예측을 테스트하고 검증하기 위한 실험 작업을 수행했다.

페랭은 1896년 왕립 학회의 줄(Joule)메달과 프랑스 과학 아카데미의 라카즈(La Caze)상을 포함하여 수많은 명망 있는 상을 수상했다. 그는 1911년과 1921년에 브뤼셀의 솔베이 위원회 위원으로 두 번 임명되었다. 또한 런던 왕립 학회 회원이자 벨기에, 스웨덴, 토리노, 프라하, 루마니아, 중국의 과학 아카데미 회원이었다.

1919년 그는 핵반응이 별의 에너지원을 제공할 수 있다고 제안했다. 헬륨 원자의 질량이 수소 원자 4개보다 적고, 아인슈타인의 질량-에너지 등가 공식을 통해 발생하는 핵융합이 수십억 년 동안 별을 빛나게 하는 충분한 에너지를 방출한다고 주장했다. 이 이론은 훗날 한스 베테의 별 탄생 이론에 큰 영향을 주었다.

페랭은 무신론자이자 사회주의자였다. 그는 제1차 세계대전 당시 공병대의 장교로 근무하기도 했다. 1940년 6월, 독일군이 프랑스를 침공했을 때 페랭은 프랑스 정부와 함께 해저 정기선 마시리아호를 타고 카사블랑카로 탈출해 미국 뉴욕으로 갔다. 그리고 1942년 4월 17일 71세의 나이로 뉴욕의 마운트 시나이 병원에서 사망했다.

물리군　페랭이 노벨상을 받은 논문은 언제 발표되었나요?

정교수　그는 자신의 연구 결과를 《원자(Les Atomes)》라는 책으로 발표했어. 이때가 1913년이지.

물리군　페랭은 어떻게 아보가드로 수를 결정했죠?

정교수　그의 연구는 1909년에 시작되었어. 아인슈타인의 브라운 운동 논문을 읽은 후 페랭은 확산을 이용하면 아보가드로수를 결정할 수 있을 것으로 믿었지. 기체든 액체든 1몰이 가진 분자의 수를 아보가드로수라고 부르는데

《원자》

$$6 \times 10^{23}$$

으로 알려져 있다네. 이 수를 실험을 통해 처음 알아낸 사람이 바로 페랭이야.

물리군　아보가드로수는 엄청나게 큰 수인데 그걸 어떻게 헤아려요?

정교수　자네 말이 맞아. 1몰의 분자 수인 아보가드로수는 너무 커서 분자의 수를 1초에 한 개씩 세어도 우주 나이보다 긴 시간이 필요해.

물리군　그런데 페랭이 그 수를 알아냈다는 거죠?

정교수　그렇지. 바로 침전을 이용했다네. 침전이란 액체 속에 있는 부유 물질이 중력 때문에 밑바닥에 가라앉는 현상이야.

　부유 입자를 액체가 담겨 있는 원통 속에 뿌리면 침전된다. 페랭은

높이에 따른 부유 입자 수를 헤아리면 아보가드로수를 결정할 수 있다고 생각했다.

그는 지름이 약 1마이크로미터(0.001밀리미터)인 입자를 액체에 뿌리는 실험을 했다.

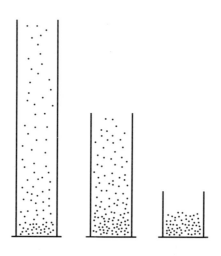

이제 주어진 높이에서 부유 입자 수를 계산하자. 액체 속의 부유 입자는 ↓ 방향의 중력과 ↑ 방향의 부력을 받는다.

세상에서 가장 쉬운 과학 수업 브라운 운동

부유 입자의 질량을 m, 밀도를 ρ라 하고, 액체의 밀도를 ρ'이라고 하자. 이때 중력은

(중력) $= mg$ ↓

이고, 부력은 아르키메데스의 원리에 의해

(부력) $= \rho' V_p g$ ↑

이다. 여기서 g는 중력가속도이고 V_p는 부유 입자 하나의 부피이다. 그러므로 두 힘의 합력을 F라고 하면

$F = mg - \rho' V_p g$ ↓

가 된다. 이 식을 다음과 같이 쓸 수 있다.

$$F = m'g \tag{5-6-1}$$

여기서 m'은 액체 속에서 가벼워진 질량을 나타내며

$$m' = m - \rho' V_p = (\rho - \rho') V_p$$

이다. 이제 다음과 같이 높이가 Δz이고 밑넓이가 A인 직육면체의 모양 속에 부유 입자가 N개 있다고 하자.

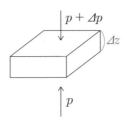

이때 윗면과 아랫면에 걸리는 압력은 각기 다르다. 윗면에 걸리는 압력을 $p + \Delta p$, 아랫면에 걸리는 압력을 p라고 하면 아랫면에 걸리는 압력이 더 크다.[18] 따라서 Δp는 음수이다. 부유 입자의 수가 N개이므로 아래로 향하는 힘의 크기는

$$Nm'g$$

가 된다. 이 힘이 압력 차이에 의해 생긴 힘과 평형을 이루어야 하므로

$$F + \Delta pA = 0$$

또는

$$\Delta pA = -Nm'g$$

이다. N개의 부유 입자가 들어 있는 직육면체의 부피를 V라고 하면

$$V = A\Delta z$$

---

18) 물속에서의 압력은 깊어질수록 커진다.

세상에서 가장 쉬운 과학 수업 브라운 운동

이므로

$$\Delta p = -\frac{Nm'g}{V}\Delta z \qquad\qquad (5\text{-}6\text{-}2)$$

가 된다. 페랭은 부유 입자 μ몰을 뿌렸다. 1몰 속에는 아보가드로수 N_A개의 분자가 있다. 그러므로

$$1 : N_A = \mu : N$$

으로부터

$$N = \mu N_A$$

이다. 페랭은 이상기체 방정식이 액체에 대해서도 마찬가지로 적용된다고 생각했다. 즉,

$$pV = \mu RT \qquad\qquad (5\text{-}6\text{-}3)$$

이다. 여기서 T는 온도이고 R는 기체 상수이다.

식 (5-6-3)을 식 (5-6-2)에 넣으면

$$\frac{\Delta p}{p} = -\frac{Nm'g}{\mu RT}\Delta z \qquad\qquad (5\text{-}6\text{-}4)$$

이다. Δz가 0에 가까워져서 dz가 되면 Δp도 0에 가까워져 dp가 되므로 식 (5-6-4)는

$$\frac{dp}{p} = -\frac{Nm'g}{\mu RT} dz \qquad (5\text{-}6\text{-}5)$$

가 된다.

높이 z가 0일 때를 바닥, 그때의 압력을 p_0이라 하고 식 (5-6-5)의 양변을 적분하면

$$\int_{p_0}^{p} \frac{dp}{p} = -\frac{Nm'g}{\mu RT} \int_{0}^{z} dz$$

가 되어

$$\ln\left(\frac{p}{p_0}\right) = -\frac{Nm'g}{\mu RT} z$$

또는

$$p(z) = p_0 e^{-\frac{Nm'g}{\mu RT} z} \qquad (5\text{-}6\text{-}6)$$

이다. 이때 $p(z)$는 높이 z에서의 압력이다. 한편

$$p(z) = \frac{1}{3} m n(z) <v>^2$$

을 이용하자. $n(z)$는 부유 입자의 개수 밀도로 단위 부피당 부유 입자의 개수이고 $<v>$는 부유 입자의 평균속력으로 높이에 따라 달라지지 않는다. 따라서 식 (5-6-6)을 부유 입자의 개수 밀도로 나타내면

세상에서 가장 쉬운 과학 수업 브라운 운동

$$n(z) = n_0 e^{-\frac{Nm'g}{\mu RT}z}$$

또는

$$n(z) = n_0 e^{-\frac{N_A m'g}{RT}z} \tag{5-6-7}$$

가 된다. 여기서 n_0은 바닥에서의 부유 입자의 개수 밀도이다. 즉, 부유 입자는 위로 올라갈수록 줄어든다.

페랭은 부유 입자의 모양을 반지름이 r_0인 공 모양으로 택했다. 이때

$$V_p = \frac{4}{3}\pi r_0^3$$

이다. 그러므로

$$m' = \frac{4}{3}\pi(\rho - \rho')r_0^3$$

이 된다.

식 (5-6-7)에서 아보가드로수를 구하면 다음과 같다.

$$N_A = \frac{3RT}{4\pi r_0^3(\rho - \rho')gz}\ln\left(\frac{n_0}{n(z)}\right) \tag{5-6-8}$$

즉, 페랭의 실험 결과는 이론과 정확하게 일치했다.

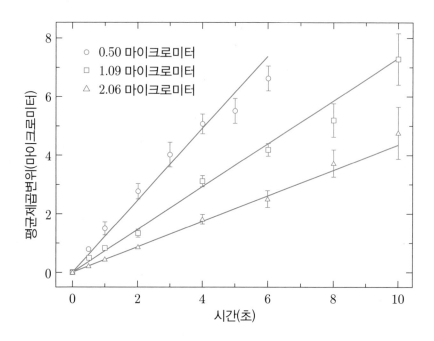

페랭은 이 실험과 이론을 통해 최초로 아보가드로수를 알아냈고 측정에 성공했다. 그는 이 업적으로 1926년 노벨 물리학상을 수상했다.

물리군   아인슈타인의 논문이 페랭이 노벨 물리학상을 받는 데 크게 기여했군요.

정교수   물론이야. 사실 아인슈타인이 노벨 물리학상을 한 개만 받은 건 이상할 정도지. 브라운 운동과 통계역학의 창시, 상대성이론으로 노벨 물리학상을 주었다면 아인슈타인은 3개 정도 노벨 물리학상을 받지 않았을까?

물리군   그렇네요.

세상에서 가장 쉬운 과학 수업 브라운 운동

만남에 덧붙여

KINETIC THEORY OF THERMAL EQUILIBRIUM AND OF THE SECOND LAW OF THERMODYNAMICS

by A. Einstein

[*Annalen der Physik* 9 (1902): 417-433]

Great as the achievements of the kinetic theory of heat have been in the domain of gas theory, the science of mechanics has not yet been able to produce an adequate foundation for the general theory of heat, for one has not yet succeeded in deriving the laws of thermal equilibrium and the second law of thermodynamics using only the equations of mechanics and the probability calculus, though Maxwell's and Boltzmann's theories came close to this goal. The purpose of the following considerations is to close this gap. At the same time, they will yield an extension of the second law that is of importance for the application of thermodynamics. They will also yield the mathematical expression for entropy from the standpoint of mechanics.

§1. *Mechanical model for a physical system*

Let us imagine an arbitrary physical system that can be represented by a mechanical system whose state is uniquely determined by a very large number of coordinates $p_1 \ldots p_n$ and the corresponding velocities

$$\frac{dp_1}{dt}, \ \ldots \ \frac{dp_n}{dt} .$$

Let their energy E consist of two additive terms, the potential energy V and the kinetic energy L. The former shall be a function of the coordinates alone, and the latter shall be a quadratic function of

$$\frac{dp_v}{dt} = p_v' ,$$

세상에서 가장 쉬운 과학 수업 브라운 운동

whose coefficients are arbitrary functions of the p's. Two kinds of external forces shall act upon the masses of the system. One kind of force shall be derivable from a potential V_a and shall represent external conditions (gravity, effect of rigid walls without thermal effects, etc.); their potential may contain time explicitly, but its derivative with respect to time should be very small. The other forces shall not be derivable from a potential and shall vary rapidly. They have to be conceived as the forces that produce the influx of heat. If such forces do not act, but V_a depends explicitly on time, then we are dealing with an adiabatic process.

Also, instead of velocities we will introduce linear functions of them, the momenta $q_1, \ldots, q_n$, as the system's state variables, which are defined by n equations of the form

$$q_\nu = \frac{\partial L}{\partial p_\nu^\tau} ,$$

where L should be conceived as a function of the $p_1, \ldots, p_n$ and $p_1', \ldots, p_n'$.

§2. On the distribution of possible states between N identical adiabatic stationary systems, when the energy contents are almost identical.

Imagine infinitely many (N) systems of the same kind whose energy content is continuously distributed between definite, very slightly differing values $\bar{E}$ and $\bar{E} + \delta E$. External forces that cannot be derived from a potential shall not be present, and V_a shall not contain the time explicitly, so that the system will be a conservative one. We examine the distribution of states, which we assume to be stationary.

We make the assumption that except for the energy $E = L + V_a + V_i$, or a function of this quantity, for the individual system, there does not exist any function of the state variables p and q which remains constant in time; we shall henceforth consider only systems that satisfy this condition. Our assumption is equivalent to the assumption that the distribution of states of our systems is determined by the value of E and is spontaneously established from any arbitrary initial values of the state variables that satisfy our condition regarding the value of energy. I.e., if there would exist for the system an additional condition of the kind $\varphi(p_1,\ldots,q_n) = $ const. that cannot be reduced to the form $\varphi(E) = $ const., then it would obviously be possible to choose initial conditions such that each of the N systems could have an arbitrarily prescribed value for φ. However, since these values do not vary with time, it follows, e.g., that for a given value of E any arbitrary value might be assigned to $\Sigma\varphi$, extended over all systems, through appropriate selection of initial conditions. On the other hand, $\Sigma\varphi$ is uniquely calculable by the distribution of states, so that other distributions of states correspond to other values of $\Sigma\varphi$. It is thus clear that the existence of a second such integral φ would necessarily have the consequence that the state distribution would not be determined by E alone but would necessarily have to depend on the initial state of the systems.

If g denotes an infinitesimally small region of all state variables $p_1,\ldots p_n$, $q_1,\ldots q_n$, which is chosen such that $E(p_1\ldots q_n)$ lies between $\bar{E}$ and $\bar{E}+\delta E$ when the state variables belong to the region g, then the distribution of states is characterized by an equation of the form

$$dN = \psi(p_1,\ldots,q_n) \int_g dp_1\ldots dq_n,$$

where dN denotes the number of systems whose state variables belong to the region g at a given time. The equation expresses the condition that the distribution is stationary.

We now choose such an infinitesimal region G. The number of systems whose state variables belong to the region G at a given time $t = 0$ is then

$$dN = \psi(P_1,\ldots Q_n) \int_G dP_1\ldots dQ_n,$$

where the capital letters indicate that the dependent variables pertain to time $t = 0$.

We now let elapse some arbitrary time t. If the system possessed the specific state variables $P_1,\ldots Q_n$ at time $t = 0$, then it will possess the specific state variables $p_1,\ldots,q_n$ at time $t = t$. Systems whose state variables belonged to the region G at $t = 0$, and these systems only, will belong to a specific region g at time $t = t$, so that the following equation applies

$$dN = \psi(p_1, \ldots q_n) \Big|_g .$$

However, for each such system Liouville's theorem holds, which has the form

$$\int dP_1, \ldots dQ_n = \int dp_1, \ldots dq_n.$$

From the last three equations it follows that

$$\psi(P_1, \ldots Q_n) = \psi(p_1, \ldots q_n) .^{[1]}$$

Thus, ψ is an invariant of the system, which from the above must have the form $\psi(p_1, \ldots q_n) = \psi^*(E)$. However, for all systems considered, $\psi^*(E)$ differs only infinitesimally from $\psi^*(\bar{E}) = $ const., and our equation of state will then simply be

$$dN = A \int_g dp_1, \ldots dq_n,$$

where A is a quantity independent of the p's and q's.

§3. *On the (stationary) probability of the states of a system* S *that is mechanically linked with a system* Σ *whose energy is relatively infinite*

We again consider an infinite number (N) of mechanical systems whose energy shall lie between two infinitesimally different limits $\bar{E}$ and $\bar{E} + \delta\bar{E}$. Let each such mechanical system be, again, a mechanical link between a system S with state variables $p_1 \ldots q_n$ and a system Σ with state variables $\pi_1, \ldots \chi_n$. The expression for the total energy of both systems shall be constituted such that those terms of the energy that accrue through

---

[1]Cf. L. Boltzmann, *Gastheorie* [Theory of gases], Part 2, §32 and §37.

action of the masses of one partial system on the masses of the other partial system are negligible in comparison with the energy E of the partial system S. Further, the energy H of the partial system Σ shall be infinitely large compared with E. Up to the infinitesimally small of higher order, one might then put

$$E = H + E .$$

We now choose a region g that is infinitesimally small in all state variables $p_1 \ldots q_n$, $\pi_1 \ldots \chi_n$ and is so constituted that E lies between the constant values $\bar{E}$ and $\bar{E} + \delta\bar{E}$. The number dN of systems whose state variables belong to the region g is then according to the results of the preceding section

$$dN = A \int_g dp_1 \ldots d\chi_n .$$

We note now that we are free to replace A with any continuous function of the energy that assumes the value A for $E = \bar{E}$, as this will only infinitesimally change our result. For this function we choose $A' . e^{-2hE}$, where h denotes a constant which is arbitrary for the time being, and which we will specify soon. We write, then,

$$dN = A' \int_g e^{-2hE} dp_1 \ldots d\chi_n .$$

We now ask: How many systems are in states in which p_1 is between $p_1 + dp_1$, and, respectively, p_2 between $p_2 + dp_2 \ldots q_n$ between q_n and $q_n + dq_n$, but $\pi_1 \ldots \chi_n$ have arbitrary values compatible with the conditions of our system? If we call this number dN', we obtain

$$dN' = A' e^{-2hE} dp_1 \ldots dq_n \int e^{-2hH} d\tau_1 \ldots d\chi_n .$$

The integration extends over those values of the state variables for which H lies between $\bar{E} - E$ and $\bar{E} - E + \delta\bar{E}$. We now claim that the value of h can be chosen in one and only one such way that the integral in our equation becomes independent of E.

It is obvious that the integral $\int e^{-2hH} d\tau_1 \ldots d\chi_n$, for which the limits of integration may be determined by the limits E and $E + \delta E$, will for a specific $\delta\bar{E}$ be a function of E alone; let us call the latter $\chi(E)$. The integral in the expression for dN' can then be written in the form

$$\chi(\bar{E} - E) \ .$$

Since E is infinitesimally small compared with $\bar{E}$, this can be written, up to quantities which are infinitesimally small of higher order, in the form

$$\chi(\bar{E} - E) = \chi(\bar{E}) - E\chi'(\bar{E}) \ .$$

The necessary and sufficient condition for this integral to be independent of E is hence

$$\chi'(\bar{E}) = 0 \ .$$

But then we can put

$$\chi(E) = e^{-2h\bar{E}} . \omega(E) \ ,$$

where $\omega(E) = \int d\tau_1 \ldots d\chi_n$, extended over all values of the variables whose energy function lies between E and $E + \delta E$.

Hence the condition found for h assumes the form

$$e^{-2h\bar{E}} . \omega(\bar{E}) . \left\{ -2h + \frac{\omega'(\bar{E})}{\omega(\bar{E})} \right\} = 0 \ ,$$

or

$$h = \tfrac{1}{2} \frac{\omega'(\bar{E})}{\omega(\bar{E})} \ .$$

Thus, there always exists one and only one value for h that satisfies the conditions found. Further, since $\omega(E)$ and $\omega'(E)$ are always positive, as shall be shown in the next section, h is also always a positive quantity.

If we choose h in this way, the integral reduces to a quantity independent of E, so that we obtain the following expression for the number of systems whose variables $p_1 \ldots q_n$ lie within the indicated limits:

$$dN' = A'' e^{-2hE} . dp_1 \ldots dq_n .$$

Thus, also for a different meaning of A'', this is the expression for the probability that the state variables of a system mechanically linked with a system of relatively infinite energy lie between infinitesimally close limits when the state has become stationary.

§4. *Proof that the quantity h is positive*

Let $\varphi(x)$ be a homogeneous quadratic function of the variables $x_1 \ldots x_n$. We consider the quantity $z = \int dx_1 \ldots dx_n$, where the limits of integration shall be determined by the condition that $\varphi(x)$ lies between a certain value y and $y + \Delta$, where Δ is a constant. We assert that z, which is a function of y only, always increases with increasing y when $n > 2$.

If we introduce the new variables $x_1 = \alpha x_1' \ldots x_n = \alpha x_n'$, where $\alpha = \text{const.}$, then we have

$$z = \alpha^n \int dx_1' \ldots dx_n' .$$

Further, we obtain $\varphi(x) = \alpha^2 \varphi(x')$.

Hence, the limits of integration of the integral obtained for $\varphi(x')$ are

$$\frac{y}{\alpha^2} \quad \text{and} \quad \frac{y}{\alpha^2} + \frac{\Delta}{\alpha^2} .$$

Further, if we assume that Δ is infinitesimally small, we obtain

$$z = \alpha^{n-2} \int dx_1' \ldots dx_n' .$$

Here y' lies between the limits

세상에서 가장 쉬운 과학 수업 브라운 운동

$$\frac{y}{a^2} \quad \text{and} \quad \frac{y}{a^2} + \Delta .$$

The above equation may also be written as

$$z(y) = a^{n-2} z\left[\frac{y}{a^2}\right] .$$

Hence, if we choose a to be positive and $n > 2$, we will always have

$$\frac{z(y)}{z\left[\dfrac{y}{a^2}\right]} > 1 ,$$

which is what had to be proved.

We use this result to prove that h is positive.

We had found

$$h = \tfrac{1}{2} \frac{\omega'(E)}{\omega(E)} ,$$

where

$$\omega(E) = \int dp_1 \ldots dq_n ,$$

and E lies between E and $E + \delta E$. By definition, $\omega(E)$ is necessarily positive, hence we have only to show that $\omega'(E)$ too is always positive.

We choose E_1 and E_2 such that $E_2 > E_1$ and prove that $\omega(E_2) > \omega(E_1)$ and resolve $\omega(E_1)$ into infinitely many summands of the form

$$d\left[\omega(E_1)\right] = dp_1 \ldots dp_n \int dq_1 \ldots dq_n .$$

In the integral indicated, the p's have definite values, which are such that $V \leq E_1$. The limits of integration of the integral are characterized by L lying between $E_1 - V$ and $E_1 + \delta \bar{E} - V$.

To each such infinitesimally small summand corresponds a term out of $\omega(E_2)$ of magnitude

$$d[\omega(E_2)] = dp_1 \ldots dp_n \int dq_1 \ldots dq_n,$$

where the p's and dp's have the same values as in $d[\omega(E_1)]$, but L lies between the limits $E_2 - V$ and $E_2 - V + \delta\bar{E}$.

Thus, according to the proposition just proved,

$$d[\omega(E_2)] > d[\omega(E_1)] .$$

Consequently,

$$\sum d[\omega(E_2)] > \sum d[\omega(E_1)] ,$$

where Σ has to be extended over all corresponding regions of the p's.

However,

$$\sum d[\omega(E_1)] = \omega(E_1) ,$$

if the summation sign extends over all p's, so that

$$V \leqq E_1 .$$

Further, we have

$$\sum d[\omega(E_2)] < \omega(E_2) ,$$

since the region of the p's, which is determined by the equation

$$V \leqq E_2$$

includes all of the region defined by the equation

$$V \leqq E_1$$

§5. On the temperature equilibrium

We now choose a system S of a specific constitution and call it a thermometer. Let it interact mechanically with the system Σ whose energy is relatively infinitely large. If the state of the entire system is stationary, the state of the thermometer will be defined by the equation

세상에서 가장 쉬운 과학 수업 브라운 운동

$$dV = Ae^{-2hE}dp_1 \ldots dq_n ,$$

where dV is the probability that the values of the state variables of the thermometer lie within the limits indicated. The constants A and h are related by the equation

$$1 = A. \int e^{-2hE}dp_1 \ldots dq_n ,$$

where the integration extends over all possible values of the state variables. The quantity h thus completely determines the state of the thermometer. We call h the temperature function, noting that, according to the aforesaid, each quantity H observable on the system S must be a function of h alone, as long as V_a remains unchanged, which we have assumed. The quantity h, however, depends only on the state of the system Σ (§3), i.e., it does not depend on the way in which Σ is thermally connected with S. From this we immediately obtain the theorem: If a system Σ is connected with two infinitesimally small thermometers S and S', the same value of h obtains for both thermometers. If S and S' are identical systems, then they will also have identical values of the observable quantity H.

We now introduce only identical thermometers S and call H the observable measure of temperature. We thus arrive at the theorem: The measure of temperature H that is observable on S is independent of the way in which Σ is mechanically connected with S; the quantity H determines h, which in turn determines the energy E of the system Σ, and this in turn determines its state according to our assumption.

From what we have proved it follows immediately that if two systems Σ_1 and Σ_2 are mechanically linked, then they cannot form a system that is in a stationary state unless the two thermometers S connected to them have equal measures of temperature or, what amounts to the same, if they themselves have equal temperature functions. Since the state of the systems Σ_1 and Σ_2 is completely defined by the quantities h_1 and h_2 or H_1 and H_2, it follows that the temperature equilibrium can be determined only by the conditions $h_1 = h_2$ or $H_1 = H_2$.

It now only remains to be shown that two systems that have the same temperature function h (or the same measure of temperature H) can be mechanically connected into one single system that has the same temperature function.

Let two mechanical systems Σ_1 and Σ_2 be merged into one system, but in such a way that the energy terms that contain state variables of both systems be infinitesimally small. Let Σ_1 as well as Σ_2 be connected with an infinitesimally small thermometer S. The readings H_1 and H_2 of the latter are certainly identical up to the infinitesimally small because they refer only to different locations within a single stationary state. The same is of course true of the quantities h_1 and h_2. We now imagine that the energy terms common to both systems decrease infinitely slowly toward zero. Thereby the quantities H and h as well as the distributions of state of the two systems change infinitesimally because they are determined by the energy alone. If then the complete mechanical separation of Σ_1 and Σ_2 is carried out, the relations

$$H_1 = H_2, \qquad h_1 = h_2$$

continue to hold all the same, and the distribution of states changes infinitesimally. H_1 and h_1, however, will now pertain only to Σ_1, and H_2 and h_2 only to Σ_2. Our process is strictly reversible, as it consists of a sequence of stationary states. We thus obtain the theorem:

Two systems having the same temperature function h can be merged into a single system having the temperature function h such that their distribution of states changes infinitesimally.

Equality of the quantities h is thus the necessary and sufficient condition for the stationary combination (thermal equilibrium) of two systems. From this follows immediately: If the systems Σ_1 and Σ_2, as well as Σ_1 and Σ_3, can be combined in a stationary fashion mechanically (in thermal equilibrium), then so can Σ_2 and Σ_3.

I would like to note here that until now we have made use of the assumption that our systems are mechanical only inasmuch as we applied Liouville's theorem and the energy principle. Probably the basic laws of the theory of heat can be developed for systems that are defined in a much more general way. We will not attempt to do this here, but will rely on the equations of

세상에서 가장 쉬운 과학 수업 브라운 운동

mechanics. We will not deal here with the important question as to how far the train of thought can be separated from the model employed and generalized.

§6. On the mechanical meaning of the quantity h[1]

The kinetic energy L of a system is a homogeneous quadratic function of the quantities q. It is always possible to introduce variables r by a linear substitution such that the kinetic energy will appear in the form

$$L = \tfrac{1}{2}(a_1 r_1^2 + a_2 r_2^2 + \ldots + a_n r_n^2)$$

and that

$$\int dq_1 \ldots dq_n = \int dr_1 \ldots dr_n,$$

when the integral is extended over corresponding infinitesimally small regions. The quantities r are called momentoids by Boltzmann. The mean kinetic energy corresponding to one momentoid when the system together with one of much larger energy forms a single system, assumes the form

$$\frac{\int A'' e^{-2h[V + a_1 r_1^2 + a_2 r_2^2 + \ldots + a_n r_n^2]} \cdot \frac{a_\nu r_\nu^2}{2} \cdot dp_1 \ldots dp_n \cdot dr_1 \ldots dr_n}{\int A'' e^{-2h[V + a_1 r_1^2 + a_2 r_2^2 + \ldots + a_n r_n^2]} \cdot dp_1 \ldots dp_n dr_1 \ldots dr_n} = \frac{1}{4h} .$$

Thus, the mean kinetic energy is the same for all momentoids of a system and is equal to

$$\frac{1}{4h} = \frac{L}{n} ,$$

where L denotes the kinetic energy of the system.

---

[1]Cf. L. Boltzmann, *Gastheorie*, Part 2, §§33, 34, 42.

§7. Ideal gases. Absolute temperature

The theory we developed contains as a special case Maxwell's distribution of states for ideal gases. I.e., if in §3 we understand by the system S one gas molecule and by Σ the totality of all the others, then the expression for the probability that the values of the variables $p_1 \ldots p_n$ of S lie in a region g that is infinitesimally small with respect to all variables will be

$$dW = A e^{-2hE} \int_g dp_1 \ldots dq_n .$$

One can also immediately realize from the expression for the quantity h found in §4 that, up to the infinitesimally small, the quantity h will be the same for a gas molecule of another type occuring in the system, since the systems Σ determining h are identical for the two molecules up to the infinitesimally small. This establishes the generalized Maxwellian distribution of states for ideal gases. –

Further, it follows immediately that the mean kinetic energy of motion of the center of gravity of a gas molecule occurring in a system S has the value $\frac{3}{4} h$ because it corresponds to three momentoids. The kinetic theory of gases teaches us that this quantity is proportional to the gas pressure at constant volume. If, by definition, this is taken to be proportional to the absolute temperature, one obtains a relationship of the form

$$\frac{1}{4h} = \kappa . T = \tfrac{1}{2} \frac{\omega(\bar{E})}{\omega'(\bar{E})} ,$$

where κ denotes a universal constant, and ω the function introduced in §3.

§8. The second law of the theory of heat as a consequence of the mechanical theory

We consider a given physical system S as a mechanical system with coordinates $p_1 \ldots p_n$. As state variables of the system we further introduce the quantities

세상에서 가장 쉬운 과학 수업 브라운 운동

$$\frac{dp_1}{dt} = p_1' \cdots \frac{dp_n}{dt} = p_n' \ .$$

$P_1 \ldots P_n$ shall be the external forces tending to increase the coordinates of the system. V_i shall be the potential energy of the system, L its kinetic energy, which is a homogeneous quadratic function of the p_ν's. For such a system Lagrange's equations of motion assume the form

$$\frac{\partial(V_i - L)}{\partial p_\nu} + \frac{d}{dt}\left[\frac{\partial L}{\partial p_\nu'}\right] - P_\nu = 0, \quad (\nu = 1, \ldots \nu = n) \ .$$

The external forces consist of two kinds of forces. The first kind, $P_\nu^{(1)}$, are the forces that represent the conditions of the system and can be derived from a potential that is a function of $p_1 \ldots p_n$ only (adiabatic walls, gravity, etc.):

$$P_\nu^{(1)} = \frac{\partial V_a}{\partial p_\nu} \ .$$

Since we have to consider processes which consist of states that infinitely approximate stationary states, we have to assume that even though V_a explicitly contains the time, the partial derivatives of the quantities $\partial V_a / \partial p_\nu$ with respect to time are infinitesimally small.

The second kind of forces, $P_\nu^{(2)} = \Pi_\nu$, shall not be derivable from a potential that depends on the p_ν only. The forces Π represent the forces that mediate the influx of heat.

If one puts $V_a + V_i = V$, equations (1) become

$$\Pi_\nu = \frac{\partial(V - L)}{\partial p_\nu} + \frac{d}{dt}\left[\frac{\partial L}{\partial p_\nu'}\right] \ .$$

The work supplied to the system by the forces Π_ν during the time dt represents then the amount of heat dQ absorbed during dt by the system S, which we will measure in mechanical units.

$$dQ = \sum \Pi_\nu dp_\nu = \sum \frac{\partial V}{\partial p_\nu} dp_\nu - \sum \frac{\partial L}{\partial p_\nu} dp_\nu + \sum \frac{dp_\nu}{dt} \frac{d}{dt} \left\{ \frac{\partial L}{\partial p_\nu} \right\} dt \ .$$

However, since

$$\sum p_\nu' \frac{d}{dt} \left\{ \frac{\partial L}{\partial p_\nu'} \right\} dt = d \sum p_\nu' \frac{\partial L}{\partial p_\nu'} - \sum \frac{\partial L}{\partial p_\nu'} dp_\nu'$$

and, further,

$$\sum \frac{\partial L}{\partial p_\nu'} p_\nu' = 2L, \qquad \sum \frac{\partial L}{\partial p_\nu} dp_\nu + \sum \frac{\partial L}{\partial p_\nu'} dp_\nu' = dL \ ,$$

we have

$$dQ = \sum \frac{\partial V}{\partial p_\nu} dp_\nu + dL \ .$$

Since, further

$$T = \frac{1}{4\kappa h} = \frac{L}{n\kappa} \ ,$$

we will have

(1)
$$\frac{dQ}{T} = n\kappa \frac{dL}{L} + 4\kappa h \sum \frac{\partial V}{\partial p_\nu} dp_\nu \ .$$

We will now concern ourselves with the expression

$$\sum \frac{\partial V}{\partial p_\nu} dp_\nu \ .$$

This represents the increase of potential energy in the system that would take place during time dt if V were not explicitly dependent on time. The time element dt shall be chosen so large that the sum indicated above can be replaced by its average value for infinitely many systems S of equal temperature, and at the same time so small that the explicit changes of h and V with time be infinitesimally small.

Suppose that infinitely many systems S in a stationary state, all of which have identical h and V_a, change to new stationary systems which are characterized by values $h + \delta h$, $V + \delta V$ common to all. Generally, "δ" shall denote the change of a quantity during transition of the system to a new state; the symbol "d" shall no longer denote the change with time but differentials of definite integrals. –

세상에서 가장 쉬운 과학 수업 브라운 운동

The number of systems whose state variables lie in the infinitesimally small region g before the change is given by the formula

$$dN = A e^{-2h(V+L)} \int dp_1 \ldots dp_n \; ;$$

here we are free to choose the arbitrary constant in V for each given h and V_a such that A will equal unity. We shall do this to simplify the calculation and shall call this more precisely defined function V^*.

It can easily be seen that the value of the quantity we seek will be

(2)
$$\sum \frac{\partial V^*}{\partial p_n} \, dp_n = \frac{1}{N} \int \delta\{e^{-2h(V+L)}\} . V^* dp_1 \ldots dq_n \; ,$$

where the integration should extend over all values of the variables, because this expression represents the increase of the mean potential energy of the system that would take effect if the distribution of states would change in conformity with δV^* and δh, but V would not change explicitly.

Further, we obtain

(3)
$$\begin{cases} 4\kappa h \sum \frac{\partial V}{\partial p_\nu} \, dp_\nu = 4\kappa \, \frac{1}{N} \int \delta\{e^{-2h(V^*+L)}\} . h . V . dp_1 \ldots dq_n \\[2mm] \qquad = 4\kappa \delta[hV] - \frac{4\kappa}{N} \int e^{-2h(V^*+L)} \delta[hV] \; dp_1 \ldots dq_n \; . \end{cases}$$

Here and in the following the integrations have to be extended over all possible values of the variables. Further, it should be kept in mind that the number of systems under consideration does not change. This yields the equation

$$\int \delta(e^{-2h(V^*+L)}) dp_1 \ldots dq_n = 0 \; ,$$

or

$$\int e^{-2h(V^*+L)} \delta(hV) dp_1 \ldots dq_n + \delta h \int e^{-2h(V^*+L)} \delta(L) dp_1 \ldots dq_n = 0 \; ,$$

or

(4)
$$\frac{4\kappa}{N} \int e^{-2h(V^*+L)} \delta(hV) dp_1 \ldots dq_n + 4\kappa \bar{L} \delta h = 0 \; .$$

$\bar{V}$ and $\bar{L}$ denote the mean values of the potential and kinetic energies of the N systems. Adding (3) and (4), one obtains

$$4\kappa h \sum \frac{\partial V^*}{\partial p_\nu} \, dp_\nu = 4\kappa \delta [h\bar{V}] + 4\kappa \bar{L}.\delta h \ ,$$

or, because

$$h = \frac{n}{4\bar{L}} \ , \qquad \delta h = -\frac{n}{4\bar{L}^2} \cdot \delta L \ ,$$

$$4\kappa h \sum \frac{\partial V}{\partial p_\nu} \, dp_\nu = 4\kappa \delta [h\bar{V}] - n\kappa \frac{\delta L}{L} \ .$$

If we substitute this formula in (1), we obtain

$$\frac{dQ}{T} = \delta [4\kappa h \bar{V}^*] = \delta \left[\frac{\bar{V}^*}{T} \right] \ .$$

Thus, dQ/T is a complete differential. Since

$$\frac{\bar{L}}{T} = n\kappa \ , \qquad \text{thus} \quad \delta \left[\frac{\bar{L}}{T} \right] = 0 \ ,$$

one may also sct

$$\frac{dQ}{T} = \delta \left[\frac{\bar{E}^*}{T} \right] \ .$$

Thus, apart from an arbitrary additive constant, $\bar{E}^*/T$ is the expression for the entropy of the system, where we have put $\bar{E}^* = \bar{V}^* + \bar{L}$. The second law thus appears as a necessary consequence of the mechanistic world picture.

§9. Calculation of the entropy

The expression $\epsilon = \bar{E}^*/T$ that we obtained for the entropy ϵ only appears to be simple, because $\bar{E}^*$ remains to be calculated from the conditions of the mechanical system. I.e., we have

$$\bar{E}^* = \bar{E} + \bar{E}_0 \ ,$$

세상에서 가장 쉬운 과학 수업 브라운 운동

where E is given directly, but E_0 has to be determined as a function of E and h from the condition

$$\int e^{-2h(E-E_0)} dp_1 \dots dq_n = N .$$

In this way, one obtains

$$\epsilon = \frac{E^*}{T} = \frac{E}{T} + 2\kappa \ \log\left\{\int e^{-2hE} dp_1 \dots dq_n\right\} + \text{const.}$$

In the expression thus obtained, the arbitrary constant that has to be added to the quantity E does not affect the result, and the third term, denoted "const.," is independent of V and T.

The expression for the entropy ϵ is strange, because it depends solely on E and T, but no longer reveals the special form of E as the sum of potential and kinetic energy. This fact suggests that our results are more general than the mechanical model used, the more so as the expression for h found in §3 shows the same property.

§10. Extension of the second law

No assumptions had to be made about the nature of the forces that correspond to the potential V_a, not even that such forces occur in nature. Thus, the mechanical theory of heat requires that we arrive at correct results if we apply Carnot's principle to ideal processes, which can be produced from the observed processes by introducing arbitrarily chosen V_a's. Of course, the results obtained from the theoretical consideration of those processes have a real meaning only when the ideal auxiliary forces V_a no longer appear in them.

Bern, June 1902.   (Received on 26 June 1902)

INVESTIGATIONS ON THE THEORY OF THE BROWNIAN MOVEMENT

by A. Einstein

May 1905

I

ON THE MOVEMENT OF SMALL PARTICLES SUSPENDED IN A STATIONARY LIQUID DEMANDED BY THE MOLECULAR-KINETIC THEORY OF HEAT

IN this paper it will be shown that according to the molecular-kinetic theory of heat, bodies of microscopically-visible size suspended in a liquid will perform movements of such magnitude that they can be easily observed in a microscope, on account of the molecular motions of heat. It is possible that the movements to be discussed here are identical with the so-called " Brownian molecular motion " ; however, the information available to me regarding the latter is so lacking in precision, that I can form no judgment in the matter (1).

If the movement discussed here can actually be observed (together with the laws relating to it that one would expect to find), then classical thermodynamics can no longer be looked upon as applicable with precision to bodies even of dimensions distinguishable in a microscope : an exact determination of actual atomic dimensions is #en possible. On the other hand, had the prediction of this movement proved to be incorrect, a weighty argument would be provided against the molecular-kinetic conception of heat.

§ 1. On the Osmotic Pressure to be Ascribed to the Suspended Particles

Let z gram-molecules of a non-electrolyte be dissolved in a volume V^* forming part of a quantity of liquid of total volume V. If the volume V^* is separated from the pure solvent by a partition permeable for the solvent but impermeable for the solute, a so-called " osmotic pressure," p, is exerted on this partition, which satisfies the equation

$$pV^* = RTz \qquad \cdot \qquad \cdot \quad (2)$$

when V^*/z is sufficiently great.

On the other hand, if small suspended particles are present in the fractional volume V^* in place of the dissolved substance, which particles are also unable to pass through the partition permeable to the solvent : according to the classical theory of thermodynamics—atleastwhen the force of gravity (which does not interest us here) is ignored—we would not expect to find any force acting on the partition ; for according to ordinary conceptions the " free energy" of the system appears to be independent of the position of the partition and of the suspended particles, but dependent only on the total mass and qualities of the suspended material, the liquid and the partition, and on the pressure and temperature. Actually, for the calculation of the free energy the energy and entropy of the boundary-surface (surface-tension forces) should also be considered ; these can be excluded if the size and condition of the surfaces of contact do not alter with the changes in position of the partition and of the suspended particles under consideration.

But a different conception is reached from the standpoint of the molecular-kinetic theory of heat. According to this theory a dissolved molecule is differentiated from a suspended body *solely* by its dimensions, and it is not apparent why a number of suspended particles should not produce the same osmotic pressure as the same number of molecules. We must assume that the suspended particles perform an irregular movement—even if a very slow one—in the liquid, on account of the molecular movement of the liquid ; if they are prevented from leaving the volume $V*$ by the partition, they will exert a pressure on the partition just like molecules in solution. Then, if there are n suspended particles present in the volume $V*$, and therefore $n/V* = \nu$ in a unit of volume, and if neighbouring particles are sufficiently far separated, there will be a corresponding osmotic pressure p of magnitude given by

$$p = \frac{RT}{V*}\frac{n}{N} = \frac{RT}{N} \cdot \nu,$$

where N signifies the actual number of molecules contained in a gram-molecule. It will be shown in the next paragraph that the molecular-kinetic theory of heat actually leads to this wider conception of osmotic pressure.

§ 2. OSMOTIC PRESSURE FROM THE STANDPOINT OF THE MOLECULAR-KINETIC THEORY OF HEAT (*)

If $p_1, p_2, \ldots p_l$ are the variables of state of

(*) In this paragraph the papers of the author on the "Foundations of Thermodynamics" are assumed to be familiar to the reader (*Ann. d. Phys.*, **9**, p. 417, 1902 ; **11**, p. 170, 1903). An understanding of the conclusions reached in the present paper is not dependent on a knowledge of the former papers or of this paragraph of the present paper.

a physical system which completely define the instantaneous condition of the system (for example, the Co-ordinates and velocity components of all atoms of the system), and if the complete system of the equations of change of these variables of state is given in the form

$$\frac{\partial p_\nu}{\partial t} = \phi_\nu(p_1 \ldots p_l) \ (\nu = 1, 2, \ldots l)$$

whence

$$\Sigma \frac{\partial \phi_\nu}{\partial p_\nu} = 0,$$

then the entropy of the system is given by the expression

$$S = \frac{\overline{E}}{T} + 2x \ lg \int e^{-\frac{E}{2xT}} dp_1 \ldots dp_l \qquad . \quad (3)$$

where T is the absolute temperature, $\overline{E}$ the energy of the system, E the energy as a function of p_ν. The integral is extended over all possible values of p_ν consistent with the conditions of the problem. x is connected with the constant N referred to before by the relation $2xN = R$. We obtain hence for the free energy F,

$$F = -\frac{R}{N}T \ lg \int e^{-\frac{EN}{RT}} dp_1 \ldots dp_l = -\frac{RT}{N} lg \ B.$$

Now let us consider a quantity of liquid enclosed in a volume V; let there be n solute molecules (or suspended particles respectively) in the portion V^* of this volume V, which are retained in the volume V^* by a semi-permeable partition; the integration limits of the integral B obtained in the expressions for S and F will be affected accordingly. The combined volume of the solute molecules (or suspended particles) is taken as small compared with V^*. This system will be completely defined according to the theory under discussion by the variables of condition $p_1 \ldots p_l$.

If the molecular picture were extended to deal with every single unit, the calculation of the integral B would offer such difficulties that an exact calculation of F could be scarcely contemplated. Accordingly, we need here only to know how F depends on the magnitude of the volume V^*, in which all the solute molecules, or suspended bodies (hereinafter termed briefly " particles ") are contained.

We will call x_1, y_1, z_1 the rectangular Co-ordinates of the centre of gravity of the first particle, $x_{,,} y_{,,} z_2$ those of the second, etc., x_n, y_n, z_n those of the last particle, and allocate for the centres of gravity of the particles the indefinitely small domains of parallelopiped form dx_1, dy_1, dz_1; $dx_2,$

dy_2, dz_2, . . . dx_n, dy_n, dz_n, lying wholly within V^*. The value of the integral appearing in the expression for F will be sought, with the limitation that the centres of gravity of the particles lie within a domain defined in this manner. The integral can then be brought into the form

$$dB = dx_1 \, dy_1 \ldots dz_n \, . \, J,$$

where J is independent of dx_1, dy_1, etc., as well as of V^*, i.e. of the position of the semi-permeable partition. But J is also independent of any special choice of the position of the domains of the centres of gravity and of the magnitude of V^*, as will be shown immediately. For if a second system were given, of indefinitely small domains of the centres of gravity of the particles, and the latter designated $dx_1'dy_1'dz_1'$; $dx_2'dy_2'dz_2'$ . . . $dx_n'dy_n'dz_n'$, which domains differ from those originally given in their position but not in their magnitude, and are similarly all contained in V^*, an analogous expression holds :—

$$dB' = dx_1'dy_1' \ldots dz_n' \, . \, J'.$$

Whence

$$dx_1 dy_1 \ldots dz_n = dx_1'dy_1' \ldots dz_n'.$$

Therefore

$$\frac{dB}{dB'} = \frac{J}{J'}$$

세상에서 가장 쉬운 과학 수업 브라운 운동

But from the molecular theory of Heat given in the paper quoted,(*) it is easily deduced that dB/B (4) (or dB'/B respectively) is equal to the probability that at any arbitrary moment of time the centres of gravity of the particles are included in the domains $(dx_1 \ldots dz_n)$ or $(dx_1' \ldots dz_n')$ respectively. Now, if the movements of single particles are independent of one another to a sufficient degree of approximation, if the liquid is homogeneous and exerts no force on the particles, then for equal size of domains the probability of each of the two systems will be equal, so that the following holds:

$$\frac{dB}{B} = \frac{dB'}{B'}.$$

But from this and the last equation obtained it follows that

$$J = J'.$$

We have thus proved that J is independent both of V^* and of $x_1, y_1, \ldots z_n$. By integration we obtain

$$B = \int J dx_1 \ldots dz_n = J \cdot V^* n,$$

and thence

$$F = -\frac{RT}{N}\{lg\ J + n\ lg\ V^*\}$$

(*) A. Einstein, *Ann. d. Phys.*, **11**, p. 170, 1903.

and

$$p = -\frac{\partial F}{\partial V^*} = \frac{RT}{V^*}\frac{n}{N} = \frac{RT}{N}\nu.$$

It has been shown by this analysis that the existence of an osmotic pressure can be deduced from the molecular-kinetic theory of Heat ; and that as far as osmotic pressure is concerned, solute molecules and suspended particles are, according to this theory, identical in their behaviour at great dilution.

§ 3. THEORY OF THE DIFFUSION OF SMALL SPHERES IN SUSPENSION

Suppose there be suspended particles irregularly dispersed in a liquid. We will consider their state of dynamic equilibrium, on the assumption that a force K acts on the single particles, which force depends on the position, but not on the time. It will be assumed for the sake of simplicity that the force is exerted everywhere in the direction of the x axis.

Let ν be the number of suspended particles per unit volume ; then in the condition of dynamic equilibrium ν is such a function of x that the variation of the free energy vanishes for an arbitrary virtual displacement δx of the suspended substance. We have, therefore,

$$\delta F = \delta E - T\delta S = 0.$$

It will be assumed that the liquid has unit area of cross-section perpendicular .to the x axis and is bounded by the planes $x = 0$ and $x = l$. We have, then,

$$\delta E = - \int_0^l K v \delta x\, dx$$

and

$$\delta S = \int_0^l R \frac{v}{N} \frac{\partial \delta x}{\partial x} dx = - \frac{R}{N} \int_0^l \frac{\partial v}{\partial x} \delta x\, dx.$$

The required condition of equilibrium is therefore

(1)
$$- K v + \frac{RT}{N} \frac{\partial v}{\partial x} = 0$$

or

$$K v - \frac{\partial p}{\partial x} = 0 \quad . \qquad 5$$

The last equation states that equilibrium with the force K is brought about by osmotic pressure forces.

Equation (1) can be used to find the coefficient of diffusion of the suspended substance. We can look upon the dynamic equilibrium condition considered here as a superposition of two processes proceeding in opposite directions, namely :—

1. A movement of the suspended substance under the influence of the force K acting on each single suspended particle.

2. A process of diffusion, which is to be looked upon as a result of the irregular movement of the particles produced by the thermal molecular movement.

If the suspended particles have spherical form (radius of the sphere = P), and if the liquid has a coefficient of viscosity k, then the force K imparts to the single particles a velocity (*)

$$\frac{K}{6\pi kP} \qquad \cdot \quad \cdot \quad \cdot \quad (6)$$

and there will pass a unit area per unit of time

$$\frac{vK}{6\pi kP}$$

particles.

If, further, D signifies the coefficient of diffusion of the suspended substance, and μ the mass of a particle, as the result of diffusion there will pass across unit area in a unit of time,

$$- D\frac{\partial(\mu v)}{\partial x} \text{ grams}$$

or

$$- D\frac{\partial v}{\partial x} \text{ particles.}$$

(*) Cf. e.g. **G. Kirchhoff, " Lectures on Mechanics,"** Lect. **26,** § **4.**

Since there must be dynamic equilibrium, we must have

$$(2) \qquad \frac{vK}{6\pi kP} - D\frac{\partial v}{\partial x} = 0.$$

We can calculate the coefficient of diffusion from the two conditions (1) and (2) found for the dynamic equilibrium. We get

$$D = \frac{RT}{N}\frac{1}{6\pi kP} \qquad (7)$$

The coefficient of diffusion of the suspended substance therefore depends (except for universal constants and the absolute temperature) only on the coefficient of viscosity of the liquid and on the size of the suspended particles.

§ 4. ON THE IRREGULAR MOVEMENT OF PARTICLES SUSPENDED IN A LIQUID AND THE RELATION OF THIS TO DIFFUSION

We will turn now to a closer consideration of the irregular movements which arise from thermal molecular movement, and give rise to the diffusion investigated in the last paragraph.

Evidently it must be assumed that each single particle executes a movement which is independent of the movement of all other particles; the movements of one and the same particle after different intervals of time must be considered as mutually independent processes, so long as we think of these intervals of time as being chosen not too small.

We will introduce a time-interval τ in our discussion, which is to be very small compared with the observed interval of time, but, nevertheless, of such a magnitude that the movements executed by a particle in two consecutive intervals of time τ are to be considered as mutually independent phenomena (8).

Suppose there are altogether n suspended particles in a liquid. In an interval of time τ the x-Co-ordinates of the single particles will increase by $\varDelta$, where $\varDelta$ has a different value (positive or negative) for each particle. For the value of $\varDelta$ a certain probability-law will hold ; the'number dn of the particles which experience in the time-interval τ a displacement which lies between $\varDelta$ and $\varDelta + d\varDelta$, will be expressed by an equation of the form

$$dn = n\phi(\varDelta)d\varDelta,$$

where

$$\int_{-\infty}^{+\infty}\phi(\varDelta)d\varDelta = 1$$

and ϕ only differs from zero for very small values of $\varDelta$ and fulfils the condition

$$\phi(\varDelta) = \phi(-\varDelta).$$

세상에서 가장 쉬운 과학 수업 브라운 운동

We will investigate now how the coefficient of diffusion depends on ϕ, confining ourselves again to the case when the number ν of the particles per unit volume is dependent only on x and t.

Putting for the number of particles per unit volume $\nu = f(x, t)$, we will calculate the distribution of the particles at a time $t + \tau$ from the distribution at the time t. From the definition of the function $+(A)$, there is easily obtained the number of the particles which are located at the. time $t + \tau$ between two planes perpendicular to the x-axis, with abscissæ x and $x + dx$. We get

$$f(x, t + \tau)dx = dx. \int_{\Delta = -m}^{\Delta = +\infty} f(x + \Delta)\phi(\Delta)d\Delta.$$

Now, since τ is very small, we can put

$$f(x, t + \tau) = f(x, t) + \tau \frac{\partial f}{\partial t}.$$

Further, we can expand $f(x + \Delta, t)$ in powers of A :—

$$f(x+\Delta, t)=f(x, t)+\Delta\frac{\partial f(x, t)}{\partial x}+\frac{\Delta^2}{2!}\frac{\partial^2 f(x, t)}{\partial x^2} \ldots ad \; inf.$$

We can bring this expansion under the integral sign, since only very small values of Δ contribute anything to the latter. We obtain

$$f+\frac{\partial f}{\partial t}\cdot\tau=f\int_{-\infty}^{+\infty}\phi(\Delta)d\Delta+\frac{\partial x}{\partial f}\int_{-\infty}^{+\infty}\Delta\phi(\Delta)d\Delta$$
$$+\frac{\partial^2 f}{\partial x^2}\int_{-\infty}^{+\infty}\frac{\Delta^2}{2}\phi(\Delta)d\Delta \ldots$$

On the right-hand side the second, fourth, etc., terms vanish since $\phi(x) = \phi(-x)$; whilst of the first, third, fifth, etc., terms, every succeeding term is very small compared with the preceding. Bearing in mind that

$$\int_{-\infty}^{+\infty} \phi(\Delta)d\Delta = 1,$$

and putting

$$\frac{1}{\tau}\int_{-\infty}^{+\infty} \frac{\Delta^2}{2}\phi(\Delta)d\Delta = D,$$

and taking into consideration only the first and third terms on the right-hand side, we get from this equation

(1) $$\frac{\partial f}{\partial t} = D\frac{\partial^2 f}{\partial x^2}.$$

This is the well-known differential equation for diffusion, and we recognise that D is the coefficient of diffusion.

Another important consideration can be related to this method of development. We have assumed that the single particles are all referred to the same Co-ordinate system. But this is unnecessary, since the movements of the single particles are mutually independent. We will now refer the motion of each particle to a co-ordinate

system whose origin coincides at the time $t = 0$
with the position of the centre of gravity of the
particles in question; with this difference, that
$f(x, t)dx$ now gives the number of the particles
whose x Co-ordinate has increased between the
time $t = 0$ and the time $t = t$, by a quantity
which lies between x and $x + dx$. In this case
also the function f must satisfy, in its changes,
the equation (1). Further, we must evidently
have $\in$ or $x \gtrless 0$ and $t = 0$,

$$f(x, t) = 0 \quad \text{and} \quad \int_{-\infty}^{+\infty} f(x, t)dx = n.$$

The problem, which accords with the problem of
the diffusion outwards from a point (ignoring pos-
sibilities of exchange between the diffusing par-
ticles) is now mathematically completely defined
(9); the solution is

$$f(x, t) = \frac{n}{\sqrt{4\pi D}} \frac{e^{-\frac{x^2}{4Dt}}}{\sqrt{t}} \quad . \quad . \quad (10)$$

The probable distribution of the resulting dis-
placements in a given time t is therefore the same
as that of fortuitous error, which was to be ex-
pected. But it is significant how the constants in
the exponential term are related to the coefficient
of diffusion. We will now calculate with the help

of this equation the displacement λ_x in the direction of the X-axis which a particle experiences on an average, or—more accurately expressed—the square root of the arithmetic mean of the squares of displacements in the direction of the X-axis; it is

$$\lambda_x = \sqrt{\overline{x^2}} = \sqrt{2Dt} \qquad . \qquad . \quad (11)$$

The mean displacement is therefore proportional to the square root of the time. It can easily be shown that the square root of the mean of the squares of the total displacements of the particles has the value $\lambda_x\sqrt{3}$ . . . (12)

§ 5. FORMULA FOR THE MEAN DISPLACEMENT OF SUSPENDED PARTICLES. A NEW METHOD OF DETERMINING THE REAL SIZE OF THE ATOM

In § 3 we found for the coefficient of diffusion D of a material suspended in a liquid in the form of small spheres of radius P—

$$D = \frac{RT}{N} \cdot \frac{1}{6\pi kP}.$$

Further, we found in § 4 for the mean value of the displacement of the particles in the direction of the X-axis in time t—

$$\lambda_x = \sqrt{2Dt}.$$

세상에서 가장 쉬운 과학 수업 브라운 운동

By eliminating D we obtain

$$\lambda_x = \sqrt{t} \cdot \sqrt{\frac{RT}{N} \frac{1}{3\pi kP}}.$$

This equation shows how λ_x depends on T, k, and $\mathbf{P}$.

We will calculate how great λ_1 is for one second, if N is taken equal to $6 \cdot 10^{23}$ in accordance with the kinetic theory of gases, water at 17° C. is chosen as the liquid ($k = 1 \cdot 35 \cdot 10^{-2}$), and the diameter of the particles ·001 mm. We get

$$\lambda_x = 8 \cdot 10^{-5} \text{ cm.} = 0 \cdot 8\mu.$$

The mean displacement in one minute would be, therefore, about 6μ.

On the other hand, the relation found can be used for the determination of N. We obtain

$$N = \frac{1}{\lambda_x^2} \cdot \frac{RT}{3\pi kP}.$$

It is to be hoped that some enquirer may succeed shortly in solving the problem suggested here, which is so important in connection with the theory of Heat. (13)

Berne, *May*, 1905.

(Received, 11 *May*, 1905.)

On the Theory of Brownian Motion

by M. P. Langevin

1908

presented by M. Mascart

I. The very great theoretical importance presented by the phenomena of Brownian motion has been brought to our attention by M. Gouy.(1) We are indebted to this physicist for having clearly formulated the hypothesis which sees in this continual movement of particles suspended in a fluid an echo of molecular-thermal agitation, and for having demonstrated this experimentally, at least in a qualitative manner, by showing the perfect permanence of Brownian motion, and its indifference to external forces when the latter do not modify the temperature of the environment.

A quantitative verification of this theory has been made possible by M. Einstein(2), who has recently given a formula that allows one to predict, at the end of a given time τ, the mean square $\overline{\Delta_x^2}$ of displacement Δ_x of a spherical particle in a given direction x as the result of Brownian motion in a liquid as a function of the radius a of the particle, of the viscosity μ of the liquid, and of the absolute temperature T. This formula is:

$$(1) \qquad \overline{\Delta_x^2} = \frac{RT}{N}\frac{1}{3\pi\mu a}\tau$$

where R is the perfect gas constant relative to one gram-molecule and N the number of molecules in one gram-molecule, a number well known today and around 8×10^{23}.

M. Smoluchowski(3) has attempted to approach the same problem with a method that is more direct than those used by M. Einstein in the two successive demonstrations he has given of his formula, and he has obtained for $\overline{\Delta_x^2}$ an expression of the same form as (1) but which differs from it by the coefficient 64/27

세상에서 가장 쉬운 과학 수업 브라운 운동

II. I have been able to determine, first of all, that a correct application of the method of M. Smoluchowski leads one to recover the formula of M. Einstein *precisely*, and, furthermore, that it is easy to give a demonstration that is infinitely more simple by means of a method that is entirely different.

The point of departure is still the same: The theorem of the equipartition of the kinetic energy between the various degrees of freedom of a system in thermal equilibrium requires that a particle suspended in any kind of liquid possesses, in the direction x, an average kinetic energy $\frac{RT}{2N}$ equal to that of a gas molecule of any sort, in a given direction, at the same temperature. If $\xi = \frac{dx}{dt}$ is the speed, at a given instant, of the particle in the direction that is considered, one therefore has for the average extended to a large number of identical particles of mass m

$$(2) \qquad m\overline{\xi^2} = \frac{RT}{N}.$$

A particle such as the one we are considering, large relative to the average distance between the molecules of the liquid, and moving with respect to the latter at the speed ξ, experiences a viscous resistance equal to $-6\pi ma\xi$ according to Stokes' formula. In actual fact, this value is only a mean, and by reason of the irregularity of the impacts of the surrounding molecules, the action of the fluid on the particle oscillates around the preceding value, to the effect that the equation of the motion in the direction x is

$$(3) \qquad m\frac{d^2x}{dt^2} = -6\pi\mu a\frac{dx}{dt} + X.$$

About the complementary force X, we know that it is indifferently positive and negative and that its magnitude is such that it maintains the agitation of the particle, which the viscous resistance would stop without it.

Equation (3), multiplied by x, may be written as:

$$\text{(4)} \qquad \frac{m}{2}\frac{d^2x^2}{dt^2} - m\xi^2 = -3\pi\mu a\frac{dx^2}{dt} + Xx.$$

If we consider a large number of identical particles, and take the mean of the equations (4) written for each one of them, the average value of the term Xx is evidently null by reason of the irregularity of the complementary forces X. It turns out that, by setting $z = \dfrac{\overline{dx^2}}{dt}$,

$$\frac{m}{2}\frac{dz}{dt} + 3\pi\mu az = \frac{RT}{N}.$$

The general solution

$$z = \frac{RT}{N}\frac{1}{3\pi\mu a} + Ce^{-\frac{6\pi\mu a}{m}t}$$

enters a *constant regime* in which it assumes the constant value of the first term at the end of a time of order $m/6\pi\mu a$ or approximately 10^{-8} seconds for the particles for which Brownian motion is observable.

One therefore has, at a constant rate of agitation,

$$\frac{\overline{dx^2}}{dt} = \frac{RT}{N}\frac{1}{3\pi\mu a};$$

hence, for a time interval τ,

$$\overline{x^2} - \overline{x_0^2} = \frac{RT}{N}\frac{1}{3\pi\mu a}\tau.$$

The displacement Δ_x of a particle is given by

$$x = x_0 + \Delta_x,$$

and, since these displacements are indifferently positive and negative,

$$\overline{\Delta_x^2} = \overline{x^2} - \overline{x_0^2} = \frac{RT}{N} \frac{1}{3\pi\mu a} \tau;$$

thence the formula (1).

III. A first attempt at experimental verification has just been made by M. T. Svedberg(4), the results of which differ from those given by formula (1) only by about the ratio 1 to 4 and are closer to the ones calculated with M. Smoluchowski's formula.

The two new demonstrations of M. Einstein's formula, one of which I obtained by following the direction begun by M. Smoluchowski, definitely rule out, it seems to me, the modification suggested by the latter.

Furthermore, the fact that M. Svedberg does not actually measure the quantity $\overline{\Delta_x^2}$ that appears in the formula and the uncertainty of the real diameter of the ultramicroscopic granules he observed call for new measurements. These, preferably, should be made on microscopic granules whose dimensions are easier to measure precisely and for which the application of the Stokes formula, which neglects the effects of the inertia of the liquid, is certainly more legitimate.

FOOTNOTES

[translators note: In the original, footnote numbering started anew on each page; here, in order to avoid confusion, numbering is sequential throughout the paper.]

1. Gouy, Journ. de Phys., 2e série, t. VII, 1888, p. 561; Comptes rendus, t. CIX, 1889, p. 102.

2. A. Einstein, Ann. d. Physik, 4e série, t. XVII, 1905, p.

549; Ann. d. Physik, 4e série, t. XIX, 1906, p. 371.

3. M. von Smoluchowski, Ann. d. Physik, 4e série, t. XXI, 1906, p. 756.

4. T. Svedberg, <u>Studien zer Lehre von den kolloïden Lösungen</u>. Upsala, 1907.

논문 웹페이지

위대한 논문과의 만남을 마무리하며

이 책은 통계역학을 창시한 아인슈타인의 논문(1902년)과 브라운 운동을 물리학적으로 완벽하게 다룬 아인슈타인의 논문(1905년)에 초점을 맞추었습니다. 두 논문의 이해를 돕기 위해 유체역학의 역사를 살펴보았습니다. 유체에 대한 고대 자연철학자들의 생각으로부터 중세 시대를 거쳐 유체의 성질과 법칙을 찾아낸 이야기들을 수록했습니다.

아인슈타인은 유체역학의 기본 원리인 확산을 가지고 브라운 운동을 온전히 이해했습니다. 그는 이 논문으로 박사 학위를 받을 정도로 브라운 운동 연구를 소중하게 여겼습니다. 브라운 운동은 최근에도 유체나 유리질 물질을 연구하는 과학자들에게 중요한 연굿거리이고, 저도 브라운 운동과 확산에 관한 논문을 최근에 발표한 적이 있습니다. 아마도 브라운 운동을 처음 공부하는 과학도들에게 아인슈타인의 오리지널 논문은 큰 도움을 줄 것입니다. 아인슈타인이 브라운 운동으로 노벨 물리학상을 받진 못했지만 그의 논문을 열심히 공부한 페랭이 노벨 물리학상을 탔다는 사실도 독자들에게 알려주고 싶었습니다. 그래서 노벨 물리학상 수상자 페랭이 브라운 운동을 이용해 아보가드로수를 결정하는 과정을 책의 말미에 자세히 다루었습니다.

이 책은 아인슈타인의 통계역학과 브라운 운동에 관한 오리지널 논문의 해설과 그 역사적 배경을 다루었습니다. 일반 독자들이 소화할 수 없을 정도로 난해한 부분은 강의에서 배제하면서 고등학교 수준의 수학만으로 두 논문을 이해하게 도움을 주고자 했습니다.

원고를 쓰기 위해 19세기와 20세기 초의 여러 논문을 뒤적거렸습니다. 지금과는 완연히 다른 용어와 기호 때문에 많이 힘들었습니다. 특히 번역이 안 되어 있는 자료들이 많았지만 프랑스 논문에 대해서는 불문과를 졸업한 아내의 도움으로 조금은 이해할 수 있었습니다.

아인슈타인은 논문을 쓰기 전까지 많은 책을 탐독했고, 특히 유체역학과 확산 이론 등을 공부했습니다. 또한 그는 브라운 운동을 열역학과 관련짓기 위해 열 현상을 역학적으로 다루는 통계역학을 창시했습니다. 아인슈타인의 통계역학과 브라운 운동 연구는 상대성이론 논문에 가려 사람들에게 잘 알려지지 않았지만 이들 연구 또한 과학사의 획을 그은 위대한 업적입니다.

집필을 끝내자마자 다시 DNA의 이중나선 구조를 밝힌 왓슨과 크릭의 오리지널 논문을 공부하며 시리즈를 계속 이어나갈 생각을 하니 즐거움에 벅차오릅니다. 제가 느끼는 이 기쁨을 독자들이 공유할 수 있기를 바라며 이제 힘들었지만 재미있었던 논문들과의 씨름을 여기서 멈추려고 합니다.

끝으로 용기를 내서 이 시리즈의 출간을 결정해준 성림원북스의 이성림 사장과 직원들에게 감사를 드립니다. 시리즈의 초안이 나왔을 때, 수식이 많아 출판사들이 꺼릴 것 같다는 생각이 들었습니다. 몇 군데에 의뢰한 후 거절당하면 블로그에 올릴 생각으로 글을 써 내려갔습니다. 놀랍게도 첫 번째로 이 원고의 이야기를 나눈 성림원북스에서 출간을 결정해 주어서 책이 세상에 나올 수 있게 되었습니다. 원고를 쓰는 데 필요한 프랑스 논문의 번역을 도와준 아내에게도 고마움을 전합니다. 그리고 이 책을 쓸 수 있도록 멋진 논문을 만든 고 아인슈타인 박사님에게도 감사를 드립니다.

진주에서 정완상 교수

이 책을 위해 참고한 논문들

1장

[1] J. Bernoulli, "Ars Conjectandi", 1713.

2장

[1] T. Graham, On the Law of Diffusion of Gases, 1833.

[2] G. G. Stokes, "On the Steady Motion of Incompressible Fluids", Transactions of the Cambridge Philosophical Society. 7; 439-453, 1842.

[3] G. G. Stokes, "On Some Cases of Fluid Motion", Transactions of the Cambridge Philosophical Society. 8; 105-137, 1843.

[4] G. G. Stokes, "On the Theories of the Internal Friction of Fluids in Motion and of the Equilibrium and Motion of Elastic Solids", Transactions of the Cambridge Philosophical Society. 8; 287-319, 1845.

[5] A. Fick, "Ueber Diffusion", Annalen der Physik(in German). 94 (1); 59-86, 1855.

[6] J. H. van't Hoff, "The Role of Osmotic Pressure in the Analogy Between Solutions and Gases", Zeitschrift für physikalische Chemie. 1; 481−508, 1887.

세상에서 가장 쉬운 과학 수업 브라운 운동

3장

[1] A. Einstein, Kinetische Theorie der Wärmegleichgewichtes und des zweiten Hauptsatzes der Thermodynamik, Annalen der Physik. 9; 417-433, 1902.

[2] A. Einstein, Eine Theorie der Grundlagen der Thermodynamik, Annalen der Physik. 11; 170-187, 1903.

[3] A. Einstein, Zur allgemeinen molekularen Theorie der Wärme, Annalen der Physik. 14; 354-362, 1904.

[4] J. W. Gibbs, Elementary Principles in Statistical Mechanics, developed with special reference to the rational foundation of thermodynamics, New York: Charles Scribner's Sons, 1902.

4장

[1] J. Regnauld, "Etudes relatives au phénomène désigné sous le nom du mouvement Brownien", Journ. Pharm. Chim. [3] 34; 141, 1858.

[2] Chr. Wiener, "Erklärung des atomistischen Wesens des flüssigen Körperzustandes und Bestätigung desselben durch die sogenannten Molecularbewegungen", Poggendorff's Annalen der Physik. 118; 79−94, 1863.

[3] G. Cantoni, "Su alcune condizioni fisiche dell'affinità, e sul moto browniano", Reale Istituto Lombardo di scienze e lettere

(Milano) Rendiconti [2] 1; 56–67, 1868.

[4] J. B. Dancer, Remarks on molecular activity as shown under the microscope, Proceedings of the Manchester Literary and Philosophical Society. 7; 162–164, 1868.

[5] W. S. Jevons, "On the so–called molecular movements of microscopic particles", Proceedings of the Manchester Literary and Philosophical Society. 9; 78–82, 1870.

[6] K. Nägeli, "Über die Bewegungen kleinster Körperchen", Sitzungsberichte der mathematisch–physikalischen Classe der K. Bayerischen Akademie der Wissenschaften zu München. 9; 389–453, 1879.

[7] W. Ramsay, On Brownian or pedetic motion, Proceedings of the Bristol Naturalists' Society. 3; 299–302, 1882.

[8] L. Gouy, "Note sur le mouvement brownien", Journal de Physique [2] 7; 561–564, 1888.

[9] A. Einstein, "Über die von der molekularkinetischen Theorie der Wärme geforderte Bewegung von in ruhenden Flüssigkeiten suspendierten Teilchen", Annalen der Physik. 322; 549-560, 1905.

[10] J. Stefan, Sitzungsberichte der Kaiserl Akademie der Wissenschften II. 79; 161–214, 1879.

5장

[1] M. Smoluchowski, "Zur kinetischen Theorie der Brownschen Molekularbewegung und der Suspensionen", Annalen der Physik. 21 (14); 756-780, 1906.

[2] P. Langevin, "On the Theory of Brownian Motion", C. R. Acad. Sci. (Paris) 146; 530-533, 1908.

수식에 사용하는 그리스 문자

대문자	소문자	읽기	대문자	소문자	읽기
A	α	알파(alpha)	N	ν	뉴(nu)
B	β	베타(beta)	Ξ	ξ	크시(xi)
Γ	γ	감마(gamma)	O	o	오미크론(omicron)
Δ	δ	델타(delta)	Π	π	파이(pi)
E	ε	엡실론(epsilon)	P	ρ	로(rho)
Z	ζ	제타(zeta)	Σ	σ	시그마(sigma)
H	η	에타(eta)	T	τ	타우(tau)
Θ	θ	세타(theta)	Y	υ	입실론(upsilon)
I	ι	요타(iota)	Φ	φ	피(phi)
K	χ	카파(kappa)	X	χ	키(chi)
Λ	λ	람다(lambda)	Ψ	ψ	프시(psi)
M	μ	뮤(mu)	Ω	ω	오메가(omega)

노벨 물리학상 수상자들을 소개합니다

이 책에 언급된 노벨상 수상자는 이름 앞에 ★로 표시하였습니다.

연도	수상자	수상 이유
1901	빌헬름 콘라트 뢴트겐	그의 이름을 딴 놀라운 광선의 발견으로 그가 제공한 특별한 공헌을 인정하여
1902	헨드릭 안톤 로런츠	복사 현상에 대한 자기의 영향에 대한 연구를 통해 그들이 제공한 탁월한 공헌을 인정하여
	피터르 제이만	
1903	앙투안 앙리 베크렐	자발 방사능 발견으로 그가 제공한 탁월한 공로를 인정하여
	★피에르 퀴리	앙리 베크렐 교수가 발견한 방사선 현상에 대한 공동 연구를 통해 그들이 제공한 탁월한 공헌을 인정하여
	★마리 퀴리	
1904	존 윌리엄 스트럿 레일리	가장 중요한 기체의 밀도에 대한 조사와 이러한 연구와 관련하여 아르곤을 발견한 공로
1905	필리프 레나르트	음극선에 대한 연구
1906	★조지프 존 톰슨	기체에 의한 전기 전도에 대한 이론적이고 실험적인 연구의 큰 장점을 인정하여
1907	앨버트 에이브러햄 마이컬슨	광학 정밀 기기와 그 도움으로 수행된 분광 및 도량형 조사
1908	가브리엘 리프만	간섭 현상을 기반으로 사진적으로 색상을 재현하는 방법
1909	굴리엘모 마르코니	무선 전신 발전에 기여한 공로를 인정받아
	카를 페르디난트 브라운	
1910	요하네스 디데릭 판데르발스	기체와 액체의 상태 방정식에 관한 연구
1911	빌헬름 빈	열복사 법칙에 관한 발견
1912	닐스 구스타프 달렌	등대와 부표를 밝히기 위해 가스 어큐뮬레이터와 함께 사용하기 위한 자동 조절기 발명

1913	헤이커 카메를링 오너스	특히 액체 헬륨 생산으로 이어진 저온에서의 물질 특성에 대한 연구
1914	막스 폰 라우에	결정에 의한 X선 회절 발견
1915	윌리엄 헨리 브래그 윌리엄 로런스 브래그	X선을 이용한 결정 구조 분석에 기여한 공로
1916	수상자 없음	
1917	찰스 글러버 바클라	원소의 특징적인 뢴트겐 복사 발견
1918	막스 플랑크	에너지 양자 발견으로 물리학 발전에 기여한 공로 인정
1919	요하네스 슈타르크	커낼선의 도플러 효과와 전기장에서 분광선의 분할 발견
1920	샤를 에두아르 기욤	니켈강 합금의 이상 현상을 발견하여 물리학의 정밀 측정에 기여한 공로를 인정하여
1921	★알베르트 아인슈타인	이론 물리학에 대한 공로, 특히 광전효과 법칙 발견
1922	닐스 보어	원자 구조와 원자에서 방출되는 방사선 연구에 기여
1923	로버트 앤드루스 밀리컨	전기의 기본 전하와 광전효과에 관한 연구
1924	칼 만네 예오리 시그반	X선 분광학 분야에서의 발견과 연구
1925	제임스 프랑크 구스타프 헤르츠	전자가 원자에 미치는 영향을 지배하는 법칙 발견
1926	★장 바티스트 페랭	물질의 불연속 구조에 관한 연구, 특히 침전 평형 발견
1927	아서 콤프턴	그의 이름을 딴 효과 발견
	찰스 톰슨 리스 윌슨	수증기 응축을 통해 전하를 띤 입자의 경로를 볼 수 있게 만든 방법
1928	오언 윌런스 리처드슨	열전자 현상에 관한 연구, 특히 그의 이름을 딴 법칙 발견
1929	루이 드브로이	전자의 파동성 발견
1930	찬드라세카라 벵카타 라만	빛의 산란에 관한 연구와 그의 이름을 딴 효과 발견
1931	수상자 없음	

세상에서 가장 쉬운 과학 수업 브라운 운동

1932	베르너 하이젠베르크	수소의 동소체 형태 발견으로 이어진 양자역학의 창시
1933	에르빈 슈뢰딩거	원자 이론의 새로운 생산적 형태 발견
	폴 디랙	
1934	수상자 없음	
1935	제임스 채드윅	중성자 발견
1936	빅토르 프란츠 헤스	우주 방사선 발견
	칼 데이비드 앤더슨	양전자 발견
1937	클린턴 조지프 데이비슨	결정에 의한 전자의 회절에 대한 실험적 발견
	조지 패짓 톰슨	
1938	엔리코 페르미	중성자 조사에 의해 생성된 새로운 방사성 원소의 존재에 대한 시연 및 이와 관련된 느린중성자에 의한 핵반응 발견
1939	어니스트 로런스	사이클로트론의 발명과 개발, 특히 인공 방사성 원소와 관련하여 얻은 결과
1940	수상자 없음	
1941		
1942		
1943	오토 슈테른	분자선 방법 개발 및 양성자의 자기 모멘트 발견에 기여
1944	이지도어 아이작 라비	원자핵의 자기적 특성을 기록하기 위한 공명 방법
1945	볼프강 파울리	파울리 원리라고도 불리는 배제 원리의 발견
1946	퍼시 윌리엄스 브리지먼	초고압을 발생시키는 장치의 발명과 고압 물리학 분야에서 그가 이룬 발견에 대해
1947	에드워드 빅터 애플턴	대기권 상층부의 물리학 연구, 특히 이른바 애플턴층의 발견
1948	패트릭 메이너드 스튜어트 블래킷	윌슨 구름상자 방법의 개발과 핵물리학 및 우주 방사선 분야에서의 발견
1949	유카와 히데키	핵력에 관한 이론적 연구를 바탕으로 중간자 존재 예측

1950	세실 프랭크 파월	핵 과정을 연구하는 사진 방법의 개발과 이 방법으로 만들어진 중간자에 관한 발견
1951	존 더글러스 콕크로프트	인위적으로 가속된 원자 입자에 의한 원자핵 변환에 대한 선구자적 연구
	어니스트 토머스 신턴 월턴	
1952	펠릭스 블로흐	핵자기 정밀 측정을 위한 새로운 방법 개발 및 이와 관련된 발견
	에드워드 밀스 퍼셀	
1953	프리츠 제르니커	위상차 방법 시연, 특히 위상차 현미경 발명
1954	막스 보른	양자역학의 기초 연구, 특히 파동함수의 통계적 해석
	발터 보테	우연의 일치 방법과 그 방법으로 이루어진 그의 발견
1955	윌리스 유진 램	수소 스펙트럼의 미세 구조에 관한 발견
	폴리카프 쿠시	전자의 자기 모멘트를 정밀하게 측정한 공로
1956	윌리엄 브래드퍼드 쇼클리	반도체 연구 및 트랜지스터 효과 발견
	존 바딘	
	월터 하우저 브래튼	
1957	양전닝	소립자에 관한 중요한 발견으로 이어진 소위 패리티 법칙에 대한 철저한 조사
	리정다오	
1958	파벨 알렉세예비치 체렌코프	체렌코프 효과의 발견과 해석
	일리야 프란크	
	이고리 탐	
1959	에밀리오 지노 세그레	반양성자 발견
	오언 체임벌린	
1960	도널드 아서 글레이저	거품 상자의 발명
1961	로버트 호프스태터	원자핵의 전자 산란에 대한 선구적인 연구와 핵자 구조에 관한 발견
	루돌프 뫼스바워	감마선의 공명 흡수에 관한 연구와 그의 이름을 딴 효과에 대한 발견

1962	레프 다비도비치 란다우	응집 물질, 특히 액체 헬륨에 대한 선구적인 이론
1963	유진 폴 위그너	원자핵 및 소립자 이론에 대한 공헌, 특히 기본 대칭 원리의 발견 및 적용을 통한 공로
	마리아 괴페르트 메이어	핵 껍질 구조에 관한 발견
	한스 옌젠	
1964	니콜라이 바소프	메이저-레이저 원리에 기반한 발진기 및 증폭기의 구성으로 이어진 양자 전자 분야의 기초 작업
	알렉산드르 프로호로프	
	찰스 하드 타운스	
1965	도모나가 신이치로	소립자의 물리학에 심층적인 결과를 가져온 양자전기역학의 근본적인 연구
	줄리언 슈윙거	
	리처드 필립스 파인먼	
1966	알프레드 카스틀레르	원자에서 헤르츠 공명을 연구하기 위한 광학적 방법의 발견 및 개발
1967	★한스 알브레히트 베테	핵반응 이론, 특히 별의 에너지 생산에 관한 발견에 기여
1968	루이스 월터 앨버레즈	소립자 물리학에 대한 결정적인 공헌, 특히 수소 기포 챔버 사용 기술 개발과 데이터 분석을 통해 가능해진 다수의 공명 상태 발견
1969	머리 겔만	기본 입자의 분류와 그 상호 작용에 관한 공헌 및 발견
1970	한네스 올로프 예스타 알벤	플라즈마 물리학의 다양한 부분에서 유익한 응용을 통해 자기유체역학의 기초 연구 및 발견
	루이 외젠 펠릭스 네엘	고체 물리학에서 중요한 응용을 이끈 반강자성 및 강자성에 관한 기초 연구 및 발견
1971	데니스 가보르	홀로그램 방법의 발명 및 개발
1972	존 바딘	일반적으로 BCS 이론이라고 하는 초전도 이론을 공동으로 개발한 공로
	리언 닐 쿠퍼	
	존 로버트 슈리퍼	

1973	에사키 레오나	반도체와 초전도체의 터널링 현상에 관한 실험적 발견
	이바르 예베르	
	브라이언 데이비드 조지프슨	터널 장벽을 통과하는 초전류 특성, 특히 일반적으로 조지프슨 효과로 알려진 현상에 대한 이론적 예측
1974	마틴 라일	전파 천체물리학의 선구적인 연구: 라일은 특히 개구 합성 기술의 관찰과 발명, 그리고 휴이시는 펄서 발견에 결정적인 역할을 함
	앤터니 휴이시	
1975	오게 닐스 보어	원자핵에서 집단 운동과 입자 운동 사이의 연관성 발견과 이 연관성에 기초한 원자핵 구조 이론 개발
	벤 로위 모텔손	
	제임스 레인워터	
1976	버턴 릭터	새로운 종류의 무거운 기본 입자 발견에 대한 선구적인 작업
	새뮤얼 차오 충 팅	
1977	필립 워런 앤더슨	자기 및 무질서 시스템의 전자 구조에 대한 근본적인 이론적 조사
	네빌 프랜시스 모트	
	존 해즈브룩 밴블렉	
1978	표트르 레오니도비치 카피차	저온 물리학 분야의 기본 발명 및 발견
	아노 앨런 펜지어스	우주 마이크로파 배경 복사의 발견
	로버트 우드로 윌슨	
1979	셸던 리 글래쇼	특히 약한 중성 전류의 예측을 포함하여 기본 입자 사이의 통일된 약한 전자기 상호 작용 이론에 대한 공헌
	압두스 살람	
	스티븐 와인버그	
1980	제임스 왓슨 크로닌	중성 K 중간자의 붕괴에서 기본 대칭 원리 위반 발견
	밸 로그즈던 피치	

1981	니콜라스 블룸베르헌	레이저 분광기 개발에 기여
	아서 레너드 숄로	
	카이 만네 뵈리에 시그반	고해상도 전자 분광기 개발에 기여
1982	케네스 게디스 윌슨	상전이와 관련된 임계 현상에 대한 이론
1983	수브라마니안 찬드라세카르	별의 구조와 진화에 중요한 물리적 과정에 대한 이론적 연구
	윌리엄 앨프리드 파울러	우주의 화학 원소 형성에 중요한 핵반응에 대한 이론 및 실험적 연구
1984	카를로 루비아	약한 상호 작용의 커뮤니케이터인 필드 입자 W와 Z의 발견으로 이어진 대규모 프로젝트에 결정적인 기여
	시몬 판데르 메이르	
1985	클라우스 폰 클리칭	양자화된 홀 효과의 발견
1986	에른스트 루스카	전자 광학의 기초 작업과 최초의 전자 현미경 설계
	게르트 비니히	스캐닝 터널링 현미경 설계
	하인리히 로러	
1987	요하네스 게오르크 베드노르츠	세라믹 재료의 초전도성 발견에서 중요한 돌파구
	카를 알렉산더 뮐러	
1988	리언 레더먼	뉴트리노 빔 방법과 뮤온 중성미자 발견을 통한 경입자의 이중 구조 증명
	멜빈 슈워츠	
	잭 스타인버거	
1989	노먼 포스터 램지	분리된 진동 필드 방법의 발명과 수소 메이저 및 기타 원자시계에서의 사용
	한스 게오르크 데멜트	이온 트랩 기술 개발
	볼프강 파울	
1990	제롬 프리드먼	입자 물리학에서 쿼크 모델 개발에 매우 중요한 역할을 한 양성자 및 구속된 중성자에 대한 전자의 심층 비탄성 산란에 관한 선구적인 연구
	헨리 웨이 켄들	
	리처드 테일러	

1991	피에르질 드젠	간단한 시스템에서 질서 현상을 연구하기 위해 개발된 방법을 보다 복잡한 형태의 물질, 특히 액정과 고분자로 일반화할 수 있음을 발견
1992	조르주 샤르파크	입자 탐지기, 특히 다중 와이어 비례 챔버의 발명 및 개발
1993	러셀 헐스	새로운 유형의 펄서 발견, 중력 연구의 새로운 가능성을 연 발견
	조지프 테일러	
1994	버트럼 브록하우스	중성자 분광기 개발
	클리퍼드 셜	중성자 회절 기술 개발
1995	마틴 펄	타우 렙톤의 발견
	프레더릭 라이너스	중성미자 검출
1996	데이비드 리	헬륨-3의 초유동성 발견
	더글러스 오셔로프	
	로버트 리처드슨	
1997	스티븐 추	레이저 광으로 원자를 냉각하고 가두는 방법 개발
	클로드 코엔타누지	
	윌리엄 필립스	
1998	로버트 로플린	부분적으로 전하를 띤 새로운 형태의 양자 유체 발견
	호르스트 슈퇴르머	
	대니얼 추이	
1999	헤라르뒤스 엇호프트	물리학에서 전기약력 상호작용의 양자 구조 규명
	마르티뉘스 펠트만	
2000	조레스 알표로프	정보 통신 기술에 대한 기초 작업(고속 및 광전자 공학에 사용되는 반도체 이종 구조 개발)
	허버트 크로머	
	잭 킬비	정보 통신 기술에 대한 기초 작업(집적 회로 발명에 기여)

2001	에릭 코넬	알칼리 원자의 희석 가스에서 보스-아인슈타인 응축 달성 및 응축 특성에 대한 초기 기초 연구
	칼 위먼	
	볼프강 케테를레	
2002	레이먼드 데이비스	천체물리학, 특히 우주 중성미자 검출에 대한 선구적인 공헌
	고시바 마사토시	
	리카르도 자코니	우주 X선 소스의 발견으로 이어진 천체 물리학에 대한 선구적인 공헌
2003	알렉세이 아브리코소프	초전도체 및 초유체 이론에 대한 선구적인 공헌
	비탈리 긴즈부르크	
	앤서니 레깃	
2004	데이비드 그로스	강한 상호작용 이론에서 점근적 자유의 발견
	데이비드 폴리처	
	프랭크 윌첵	
2005	로이 글라우버	광학 일관성의 양자 이론에 기여
	존 홀	광 주파수 콤 기술을 포함한 레이저 기반 정밀 분광기 개발에 기여
	테오도어 헨슈	
2006	존 매더	우주 마이크로파 배경 복사의 흑체 형태와 이방성 발견
	조지 스무트	
2007	알베르 페르	자이언트 자기 저항의 발견
	페터 그륀베르크	
2008	난부 요이치로	아원자 물리학에서 자발적인 대칭 깨짐 메커니즘 발견
	고바야시 마코토	자연계에 적어도 세 종류의 쿼크가 존재함을 예측하는 깨진 대칭의 기원 발견
	마스카와 도시히데	
2009	찰스 가오	광 통신을 위한 섬유의 빛 전송에 관한 획기적인 업적
	윌러드 보일	영상 반도체 회로(CCD 센서)의 발명
	조지 엘우드 스미스	

2010	안드레 가임	2차원 물질 그래핀에 관한 획기적인 실험
	콘스탄틴 노보셀로프	
2011	솔 펄머터	원거리 초신성 관측을 통한 우주 가속 팽창 발견
	브라이언 슈밋	
	애덤 리스	
2012	세르주 아로슈	개별 양자 시스템의 측정 및 조작을 가능하게 하는 획기적인 실험 방법
	데이비드 와인랜드	
2013	프랑수아 앙글레르	아원자 입자의 질량 기원에 대한 이해에 기여하고 최근 CERN의 대형 하드론 충돌기에서 ATLAS 및 CMS 실험을 통해 예측된 기본 입자의 발견을 통해 확인된 메커니즘의 이론적 발견
	피터 힉스	
2014	아카사키 이사무	밝고 에너지 절약형 백색 광원을 가능하게 한 효율적인 청색 발광 다이오드의 발명
	아마노 히로시	
	나카무라 슈지	
2015	가지타 다카아키	중성미자가 질량을 가지고 있음을 보여주는 중성미자 진동 발견
	아서 맥도널드	
2016	데이비드 사울레스	위상학적 상전이와 물질의 위상학적 위상에 대한 이론적 발견
	덩컨 홀데인	
	마이클 코스털리츠	
2017	라이너 바이스	LIGO 탐지기와 중력파 관찰에 결정적인 기여
	킵 손	
	배리 배리시	
2018	아서 애슈킨	레이저 물리학 분야의 획기적인 발명(광학 핀셋과 생물학적 시스템에 대한 응용)
	제라르 무루	레이저 물리학 분야의 획기적인 발명(고강도 초단파 광 펄스 생성 방법)
	도나 스트리클런드	

세상에서 가장 쉬운 과학 수업 브라운 운동

2019	제임스 피블스	우주의 진화와 우주에서 지구의 위치에 대한 이해에 기여(물리 우주론의 이론적 발견)
	미셸 마요르	우주의 진화와 우주에서 지구의 위치에 대한 이해에 기여(태양형 항성 주위를 공전하는 외계 행성 발견)
	디디에 쿠엘로	
2020	로저 펜로즈	블랙홀 형성이 일반 상대성 이론의 확고한 예측이라는 발견
	라인하르트 겐첼	우리 은하의 중심에 있는 초거대 밀도 물체 발견
	앤드리아 게즈	
2021	마나베 슈쿠로	복잡한 시스템에 대한 이해에 획기적인 기여(지구 기후의 물리적 모델링, 가변성을 정량화하고 지구 온난화를 안정적으로 예측)
	클라우스 하셀만	
	★조르조 파리시	복잡한 시스템에 대한 이해에 획기적인 기여 (원자에서 행성 규모에 이르는 물리적 시스템의 무질서와 요동의 상호작용 발견)
2022	알랭 아스페	얽힌 광자를 사용한 실험, 벨 불평등 위반 규명 및 양자 정보 과학 개척
	존 클라우저	
	안톤 차일링거	
2023	피에르 아고스티니	물질의 전자 역학 연구를 위해 아토초(100경분의 1초) 빛 펄스를 생성하는 실험 방법 고안
	페렌츠 크러우스	
	안 륄리에